알아두면 좋은

잡초방제
기술

WEED CONTROL METHOD

국립농업과학원 著

 21세기사

잡초방제기술

contents 농업기술길잡이 잡초방제기술

• 논 주요 잡초 1

논피(강피)

물피

물달개비

가막사리

• 논 주요 잡초 2

미국외풀

밭뚝외풀

알방동사니

여뀌바늘

• 논 주요 잡초 3

가래

올방개

올미

올챙이고랭이

• 밭 주요 잡초 1

바랭이

강아지풀

쇠비름

깨풀

• 밭 주요 잡초 2

명아주

개망초

환삼덩굴

광대나물

• 과수원 주요 잡초

닭의장풀

쑥

쇠뜨기

토끼풀

일러두기

❶ 본 농업기술길잡이(잡초방제)에서 제시한 제초제는 '2017 작물보호사용지침서'를 기준으로 작성하였다.

❷ 식물분류학적으로 화본과는 벼과로 전환되고 있어 화본과(벼과)로 병기하였다.

❸ 제초제 중 합제는 A · B로 표시하여야 하나 일부 A.B로 인쇄될 수도 있다.

chapter 1

잡초

01
잡초(雜草, Weed)란

어떤 식물체의 한 종(種)이 집단적으로 인간의 활동, 건강 또는 기쁨 등에 부정적으로 작용하거나 방해 작용을 하게 될 때 그 식물체를 잡초로 간주한다. 잡초라는 용어는 과학적인 개념보다 공적인 특성을 가지고 있어서 매우 포괄적이고 광범위한 개념을 지니고 있다.

또 잡초란 용어는 인간의 활동을 방해하며 보기에 좋지 못하고 바람직스럽지 못한 것을 의미하고 있어서 학자들의 보는 관점에 따라 잡초의 정의가 달라질 수 있다. 종합하면, 어떤 식물 또는 식생이 인간의 목적이나 필요조건 등을 방해할 때 잡초로 정의할 수 있고 더 나아가 인간이 농경지에서 농업을 영위하는 경제 행위에 직간접으로 피해를 주어 생산을 감소시키고, 농경지의 경제적 가치를 저하시키는 작물 이외의 식물이라고 정의할 수 있다. 잡초란 용어 자체가 지칭하는 것처럼 인간에게 유익하지 못한 식물로 요약할 수 있으며, 다음과 같은 성질을 지닌 식물이다.

① 제자리에 발생하지 않는 식물
② 인간이 원하지 않거나 바라지 않는 식물
③ 인간과 경합적이거나 인간의 활동을 방해하는 식물
④ 작물적 가치가 평가되지 않는 식물

⑤ 농경지나 생활지 주변에서 자생하는 초본성 식물

그러나 잡초라 하더라도 생물의 다양화를 지향하는 자연 생태적 입장이나 유용 식물종의 근원이라는 식물 자원 이용적 입장에서 볼 때 결코 유용성은 무시될 수 없으며, 보존되고 면밀히 연구되어야 할 대상이기도 하다.

02
잡초의 분류

가. 식물학적 분류

잡초를 식물학적으로 분류할 때는 크게 양치식물과 종자식물로 나눈다. 양치식물은 쇠뜨기와 고사리와 같이 포자로 번식하는 식물을 말한다. 종자식물은 다시 쌍떡잎식물(쌍자엽식물)과 외떡잎식물(단자엽식물)로 나뉜다. 쌍떡잎식물은 이름 그대로 떡잎이 2장인 식물을 말하는데, 잎맥은 다양한 형태의 그물맥이며, 생장점은 주로 식물체 위쪽 줄기 끝에 있다. 외떡잎식물은 이와 반대로 떡잎이 한 장인 식물을 말하며, 잎맥은 나란히맥이고, 생장점은 줄기와 뿌리가 붙어있는 곳에 있다. 이들은 다시 분류체계에 따라 과(科)로 나눈다.
(표 1)은 우리나라 농경지에 발생하는 잡초를 과별로 나눈 것으로 국화과와 화본과(벼과), 마디풀과, 콩과, 사초과 등 상위 5위에 속하는 잡초 282종으로 전체의 45.6% 차지하고 있다.

(표 1) 우리나라 농경지에 발생하는 잡초의 식물학적 분포

과명	초종 수	비율(%)	과명	초종 수	비율(%)
국화과	96	15.5	꿀풀과	24	3.9
화본과(벼과)	81	13.1	장미과	21	3.4
마디풀과	39	6.3	현삼과	19	3.1
콩과	34	5.5	메꽃과	15	3.4
사초과	32	5.2	기타	231	37.3
십자화과	27	4.3	계	619종	100

나. 발생 시기에 따른 분류

잡초는 발생시기에 따라 봄잡초(2~5월), 여름잡초(5~9월), 및 겨울잡초(10월~다음해 3월)로 분류한다.

다. 생활형에 따른 분류

생활형에 따른 분류는 대표적인 잡초 분류라 할 수 있다.

(1) 일년생 잡초

(가) 여름철 일년생 잡초
봄과 여름에 발생하여 같은 해 여름, 가을에 말라죽는 잡초(바랭이, 쇠비름 등).

(나) 겨울철 일년생 잡초
가을과 초겨울에 발생하여 월동 후 여름에 결실, 말라죽는 잡초(뚝새풀, 냉이 등).

(2) 월년생 잡초

첫해에 발아 · 생육하고 로제트 형태로 월동하며, 월동기간에 꽃눈이 분화하고 다음 해에 개화 결실하며, 결실까지 1년 이상 2년 이하가 걸리는 잡초(방가지똥, 지칭개, 뽀리뱅이, 망초, 달맞이꽃 등)

(3) 다년생 잡초

(가) 단순형 다년생 잡초
종자 번식을 하지만 때로는 식물체의 뿌리부위로부터 새로운 개체를 형성하는 잡초(애기수영, 민들레, 질경이 등).

(나) 구근형 다년생 잡초
구근이나 종자로 번식하는 잡초(산달래, 야생마늘 등).

(다) 포복형 다년생 잡초
괴경(올방개, 너도방동사니, 새섬매자기, 올미, 벗풀 등), 포복근(쇠뜨기, 메꽃, 엉겅퀴 등), 포복경(선피막이, 미나리, 병풀 등), 구경(반하 등), 근경(쇠털골 등), 인경(가래 등) 등으로 번식하는 잡초.

라. 형태적 특성에 따른 분류

(1) 화본과(벼과) 잡초

화본과(벼과)잡초는 대표적인 외떡잎식물로, 피나 바랭이와 같이 벼과에 속하는 잡초이다. 화본과(벼과)잡초의 줄기는 마디와 마디사이가 있고, 잎맥은 평행한 것이 특징이다. 주요 잡초로는 논피(강피), 바랭이, 뚝새풀, 강아지풀 등이 여기에 속한다.

(2) 사초과(방동사니과) 잡초

방동사니과 잡초는 사초과 잡초라고도 하는데 화본과(벼과) 잡초와 비슷한 점이 있으나 습지나 물속에서 자라고 특히 줄기가 삼각형 모양을 한 것으로 구분된다. 잎은 좁고 능선(稜線)이 있으며 끝이 뾰족하고 소수에 작은 꽃이 달린다. 주요 잡초로는 올방개, 너도방동사니, 알방동사니, 참방동사니, 향부자, 새섬매자기, 올챙이고랭이 등이 있다.

(3) 광엽 잡초

광엽잡초는 화본과(벼과)나 방동사니과에 속하지 않고, 쌍떡잎식물에 속하는 잡초를 말한다. 잎은 둥글고 크며 평평하고 엽맥이 그물처럼 얽혀 있는 것이 특징이다. 물달개비, 미국가막사리, 여뀌바늘, 개비름, 가래, 망초, 쑥, 단풍잎돼지풀, 토끼풀 등 많은 잡초가 여기에 속한다.

같은 형태적 특성의 잡초끼리는 특정 제초제에 대한 반응이 유사하기 때문에 형태적 특성에 따른 잡초의 분류는 제초제 이용의 실용적인 측면에서 의미가 있다.

마. 기타

그 밖에도 잡초는 발생지에 따라 논잡초, 밭잡초, 과수원잡초로 구분하고, 토양수분 적응성에 따라 습생잡초, 건생잡초로 나눈다. 또 초장, 생장형 및 번식법에 따라 다양하게 분류되기도 한다.

03

잡초의 발생과 분포

우리나라에서 농경지에 발생하는 잡초는 81과 619종이 있다. 그 중에서 상위 3위에 해당하는 국화과, 화본과(벼과), 마디풀과에 속하는 잡초가 216종으로 전체의 34.9%를 차지하고 있다. 여기에 콩과, 사초과, 십자화과, 꿀풀과, 장미과, 현삼과, 메꽃과를 포함한 10위에 속하는 잡초들을 모두 합하면 282종으로 전체 잡초의 45.67%를 차지하고 있다(표 1).

이것을 발생작물로 구분하면, 논에 발생하는 잡초는 28과 90종, 밭에 발생하는 잡초는 50과 375종, 과수원에는 63과 492종, 목초지에는 52과 275종이다(표 2). 잡초의 형태적 특성에 따라 구분했을 때는 화본과(벼과) 81종, 사초과 32종, 광엽 507종으로서 광엽잡초로 분류되는 초종이 전체의 81.9%나 된다. 그리고, 잡초의 생활형으로 구분하였을 때에는 다년생잡초가 308종으로 전체의 49.8%을 차지하였고, 그 다음으로 일년생잡초가 209종(33.8%), 그리고 동계 일년생잡초가 102종 (16.4%)이었다. 이런 조사결과를 바탕으로 향후 잡초방제는 다년생잡초를 중심으로 진행되어야 할 것이다.

(표 2) 우리나라 농경지에 발생하는 잡초 종수

구분	논	밭	과수원	목초지	계
초종 수	28과 90종	50과 375종	63과 492종	52과 275종	81과 619종

가. 논 잡초

우리나라 논에 발생하는 잡초는 28과 90종에 이르고 있으나, 실제 논에 많이 발생하여 벼 생육에 크게 영향을 주고 있는 논잡초는 20~30종에 불과하다(표 3). 논에 많이 발생하는 주요 잡초의 분포비율은 재배양식과 재배법의 변화로 점차 달라지고 있다. 연도별 전국 논잡초 분포 현황을 보면, 1971년도에는 주로 마디꽃, 쇠털골, 물달개비 등 일년생잡초가 우점한 반면, 1981년에는 물달개비와 올미, 벗풀 등 다년생잡초가 우점하였고, 1991년에는 총 39초종 가운데 올방개, 벗풀, 피, 너도방동사니, 여뀌바늘 순이었다. 2000~2001년 조사에서는 물달개비, 올방개, 피, 벗풀 등으로 다시 일년생잡초의 발생이 많았다. 그리고 2013년에는 피, 물달개비, 올방개, 올챙이고랭이 등으로 피가 우점하는 경향이었다(표 4).

이와 같이 1981년과 1991년 조사에서 일년생잡초에서 다년생잡초로 점차 군락(群落)이 변화하는 요인은 여러 가지가 있지만 그중 잡초방제법의 변화, 특히 손제초법의 감소와 아울러 일년생잡초에 유용한 제초제의 이어 쓰기 및 재배방법의 변천이 논잡초 군락 변화에 크게 영향을 미치는 것으로 생각된다. 그리고 2000년 조사에서 나타난 바와 같이 다시 일년생잡초의 비율이 늘어난 것은 설포닐우레아계 제초제에 저항성을 보이는 물달개비의 발생량 증가와 혼합제에서 다년생잡초를 방제할 수 있는 제초성분의 감소로 생각할 수 있다. 2013년 조사에서는 제초제 저항성을 보인 피속류, 물달개비, 올챙이고랭이, 벗풀의 증가와 다년생잡초인 올방개의 발생이 감소되지 않았기 때문이다.

(표 3) 우리나라 논에 발생하는 주요 잡초

구분	잡초명	학명	생활사
화본과 (벼과)	논피(강피)	*Echinochloa oryzicola*	일년생
	물피	*Echinochloa crus–galli* var. *crus–galli*	일년생
	돌피	*Echinochloa crus–galli* var. *praticola*	일년생
	뚝새풀	*Alopecurus aequalis* var. *amurensis*	일년생
	나도겨풀	*Leersia japonica*	다년생
	물털참새피	*Paspalum distichum* var. *indutum*	다년생
방동사니과	알방동사니	*Cyperus difformis*	일년생
	바람하늘지기	*Fimbristylis miliacea*	일년생
	참방동사니	*Cyperus iria*	일년생
	올챙이고랭이	*Scirpus juncoides*	다년생
	새섬매자기	*Scirpus planiculmis*	다년생
	너도방동사니	*Cyperus serotinus*	다년생
	올방개	*Eleocharis kuroguwai*	다년생
	쇠털골	*Eleocharis acicularis* var. *longiseta*	다년생
광엽 잡초	물달개비	*Monochhoria vaginalis*	일년생
	물옥잠	*Monochhoria korsakowi*	일년생
	마디꽃	*Rotala indica*	일년생
	밭뚝외풀	*Lindernia pyxidaria*	일년생
	미국외풀	*Lindernia dubia*	일년생
	사마귀풀	*Aneilema keisak*	일년생
	여뀌바늘	*Ludwigia epolobioides*	일년생
	여뀌	*Polygoum hyderopiper*	일년생
	한련초	*Eclipta prostrata*	일년생
	가래	*Potamogeton distinctus*	다년생
	올미	*Sagittaria pygmaea*	다년생
	벗풀	*Sagittaria trifolia*	다년생
	개구리밥	*Spirodela polyrhiza*	다년생

(표 4) 우리나라 10대 우점 논 잡초의 군락 변이

순위	발생초종				
	1971	1981	1991	2001	2013
1	마디꽃	물달개비	올방개	물달개비	피
2	쇠털골	올미	올미	올방개	물달개비
3	물달개비	벗풀	벗풀	피	올방개
4	알방동사니	가래	피	벗풀	올챙이고랭이
5	피	너도방동사니	물달개비	가막사리	벗풀
6	가래	마디꽃	올챙이고랭이	여뀌바늘	여뀌바늘
7	밭뚝외풀	사마귀풀	너도방동사니	사마귀풀	가막사리
8	사마귀풀	밭뚝외풀	가래	밭뚝외풀	자귀풀
9	올방개	올방개	여뀌바늘	올챙이고랭이	여뀌
10	여뀌	여뀌바늘	사마귀풀	여뀌	사마귀풀

2013년 논잡초 분포조사한 결과를 도별로 우점잡초를 표시한 것은 (그림 1)과 같다. 즉 각 도별 제1 우점잡초는 전북을 제외하고 피이었다. 그 다음으로는 올방개, 물달개비, 여뀌바늘, 좀개구리밥 등 다양하였으나, 상위 1~5위를 차지하는 잡초는 지금뿐만 아니라 향후에도 계속 문제될 것으로 사료된다.

이와 같이 우리나라의 논잡초 발생상황을 보면, 먼저 다년생잡초의 증가이다. 그 원인으로는 조기 이앙에 의한 다년생잡초 번식기간이 연장되었고, 가을갈이(추경, 秋耕)과 봄갈이(춘경, 春耕)하는 포장의 감소로 겨우내 다년생잡초가 동사하는 비율이 적은 반면에 트랙터 로타리에 의해 다년생잡초 괴경이 확산되는 수단을 제공한 것으로 들 수 있다. 논잡초 발생상황 두 번째는 피의 지속적인 우점을 들 수 있다. 지난 50년간 논잡초의 군락변이를 보면, 전체적으로 일년생잡초가 줄어드는 추세지만 피는 줄어들지 않고 오히려 더 증가하여 우점 및 군락을 형성하는 양상을 보이고 있다. 세 번째로 설포닐우레아계 제초제 저항성잡초의 발생 증가이다. 설포닐우레아계 제초제에 저항성을 보이는 잡초 14종(물옥잠, 물달개비, 미국외풀, 마디꽃, 올챙이고랭이, 알방동사니, 마디꽃, 논피, 여뀌바늘, 벗풀 등)의 발생이 지속적으로 증가하여 문제가 되고 있다. 그러므로 이런 논잡초의 발생상황을 인지하고 여기에

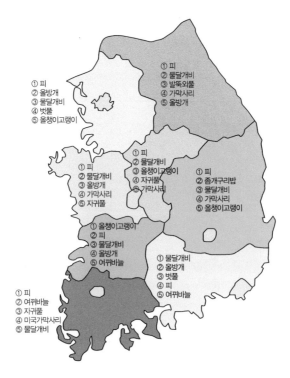

(그림 1) 도별 논잡초 우점순위 (2013년 기준)

① 피
② 올방개
③ 물달개비
④ 벗풀
⑤ 올챙이고랭이

① 피
② 물달개비
③ 발뚝외풀
④ 가막사리
⑤ 올방개

① 피
② 물달개비
③ 올챙이고랭이
④ 자귀풀
⑤ 가막사리

① 피
② 물달개비
③ 올방개
④ 가막사리
⑤ 자귀풀

① 피
② 좀개구리밥
③ 물달개비
④ 가막사리
⑤ 올챙이고랭이

① 올챙이고랭이
② 피
③ 물달개비
④ 올방개
⑤ 여뀌바늘

① 물달개비
② 올방개
③ 벗풀
④ 피
⑤ 여뀌바늘

① 피
② 여뀌바늘
③ 자귀풀
④ 미국가막사리
⑤ 물달개비

대처해야만 효율적인 잡초관리가 이루어 질 수 있다.

논에 사용되는 제초제는 재배양식에 따라 다양하다. 벼 재배양식으로는 건답직파벼, 담수직파벼, 기계이앙벼로 나눌 수 있다. 작물보호제 지침서(2017년)에는 못자리벼 적용 제초제로 티오벤카브입제(사단) 하나만 등록되어 있는데 현재 못자리를 하는 곳이 없어 무의미하다. 건답직파벼에는 벤타존·사이할로포프뷰틸미탁제(정일품), 벤타존소듐·페녹사프로프−피−에틸미탁제(단골) 등 8품목, 담수직파벼에는 메타미포프미탁제(피제로), 메타미포프유제(피제로), 벤설퓨론메틸·메소트리온·페녹슐람입제(손안대) 등 87품목, 기계이앙벼에는 다이뮤론·메페나셋·피라조설푸론에틸입제(갈채), 메소트리온·메타조설퓨론입제(백발백중), 클로마존·펜트라자마이드유제(초 짱) 등 289품목이 등록되어 있다.

나. 밭 잡초

우리나라 밭에 발생하는 잡초는 논잡초에 비하면 다양하여 375종이 되나 주요한 밭잡초는 약 30여종에 불과하다(표 5). 잡초마다 생태적으로 물을 좋아하는 특성, 물에 잘 적응하는 특성, 밭조건을 좋아하는 특성, 밭조건에 잘 적응하는 특성을 가지고 있기 때문에 잡초는 일반적으로 논잡초 또는 밭잡초로 구별할 수가 있으며, 같은 밭조건 일지라도 경지형태별로 주요 초종이 다르다.

보통 밭에는 쇠비름과 바랭이가 크게 발생하지만 논뒷그루 보리밭에는 뚝새풀과 별꽃, 벼룩나물 등의 발생이 많다. 도별 겨울 작물재배지의 발생잡초를 보면 중부이북지방은 명아주, 뚝새풀 등이 많이 발생하고 중부이남지방은 뚝새풀, 별꽃, 벼룩나물, 명아주, 갈퀴덩굴 등이 대체로 많이 발생하고 제주지방은 별꽃, 갈퀴덩굴, 광대나물, 점나도나물 등이 많았다. 여름 작물재배지의 많이 발생하는 잡초는 강원, 경기, 충남북, 경북은 바랭이, 쇠비름, 방동사니, 강아지풀 등이고, 전남북, 경남지방은 바랭이, 쇠비름, 깨풀, 방동사니 등이다. 제주는 쇠비름, 쥐깨풀, 바랭이, 한련초의 발생이 많았다. 이와 같이 여름 밭작물 재배지에는 전국적으로 바랭이, 쇠비름이 가장 많이 발생하고 있다.

밭작물은 다양하다. 감자, 고구마, 옥수수, 콩 등과 같은 전작물, 고추, 더덕, 배추, 야파 등과 같은 채소작물, 구기자. 당귀, 땅콩 등과 같은 특용작물이 모두 밭작물에 속한다. 이들 작물에 사용할 수 있는 제초제는 각 작물별로 등록되어 있다. 즉 감자밭에 발생하는 잡초를 방제하기 위하여 글루포시네이트암모늄액제(바스타 등), 나프로파마이드수화제(데브리놀골드, 파미놀 등), 세톡시딤유제(나브) 등 29품목이 등록되어 사용 중에 있다(2017년 기준).

다. 과수원 잡초

과수원에 발생하는 잡초는 492종이다. 과수원 잡초는 과수원의 입지조건에 따라 발생량이 달라 평지에는 밭잡초가 많고, 경사지에는 다년생잡초와 산간지식물의 발생이 많다. 과수의 종류나 수령이 다르면 햇볕을 받는 조건이 달라지기 때문에 잡초의 종류나 발생양상이 다르다. 대체로 밭에 발생하는 잡초와 비농경지에 발생하는 잡초가 많고 종류도 다양하다. 우리나라 전 지역의 과수원에 주로 발생하는 잡초의 종류는 바랭이, 명아주, 쇠비름, 여뀌, 쑥, 닭의장풀, 방동사니 등이며, 햇볕이 잘 받을수록 바랭이 같은 화본과(벼과) 잡초가 많이 발생한다.

과수원에 사용할 수 있는 제초제는 글리포세이트이소프로필아민액제(근사미, 풀마타, 근초대왕, 풀오버, 풀쎈 등)가 있으며, 국내 제조, 수입제품 등 다양하다. 그리고 (주)경농, (주)농협케미컬 등 국내 농약제조회사 뿐만 아니라 원제 수입회사에서도 생산하는 등 17개의 상표명으로 판매되고 있다(2017년 기준). 그러나 감, 감귤, 사과, 배, 복숭아 등의 과수원에 사용하는 제초제는 별도로 다수 있다.

〈표 5〉 우리나라 밭에 발생하는 주요 잡초

구분	잡초명	학명	생활사
화본과(벼과)	뚝새풀	*Alopecurus aequalis var. amurensis*	일년생
	바랭이	*Digitaria cilliars*	일년생
	왕바랭이	*Elecusine indica*	일년생
방동사니과	방동사니	*Cyperus amoricus*	일년생
	금방동사니	*Cyperus microiria*	일년생
	참방동사니	*Cyperus iria*	일년생
광엽 잡초	깨풀	*Acalypha australis*	일년생
	개비름	*Amaranthus lividus*	일년생
	냉이	*Capsella bursa-pastoris*	월년생
광엽 잡초	중대가리풀	*Centipeda minima*	일년생
	명아주	*Chenopodium album*	일년생
	닭의장풀	*Commelina communis*	일년생
	망초	*Erigeron canadinsis*	월년생
	갈퀴덩굴	*Galium spurium var. echinosprmon*	월년생
	광대나물	*Lamium amplexicaule*	일년생
	여뀌	*Polyganum hydropiper*	일년생
	쇠비름	*Portulaca oleracea*	일년생
	메꽃	*Calystegia japnica*	다년생
	쑥	*Artemisia indica*	다년생
	씀바귀	*Ixeris dentata*	다년생
	참소리쟁이	*Rumex japonicus*	다년생

라. 목초지 잡초

우리나라의 목초지는 강원 평창, 충남 서산, 제주지역에만 남아있는 관계로 이들 지역을 중심으로 목초지에 발생하는 잡초를 조사하였다. 조사결과, 목초지에 발생하는 잡초는 52과 275종이었다. 상위 5위에 해당하는 국화과 48종, 화본과(벼과) 44종, 마디풀과 21종, 장미과 17종, 콩과 16종으로 이들은 전체 53.1%를 차지하였다. 생활형으로 보면, 일년생 77종으로 28.0%, 월년생 55종으로 20.0% 그리고 다년생 143종으로 52.0%로 다년생잡초의 발생비율이 훨씬 많았다. 이들 잡초를 생태적 특성으로 구분하면, 광엽잡초가 226종으로 전체의 82.2%, 화본과(벼과)잡초가 44종으로 16.0% 그리고 사초과잡초는 5종으로 1.8%이었다.

조사지역별로 발생되는 잡초양상을 보면, 제주에는 49과 207종, 강원 평창에서는 14과 62종, 그리고 충남 서산지역에서는 36과 136종이 발생되었다. 목초지에서 발생하는 외래잡초는 83종으로 전체의 29.1%이었고, 돌소리쟁이, 토끼풀, 애기수영, 개망초, 유럽점나도나물, 도깨비가지, 돼지풀, 망초, 선개불알풀, 흰명아주 순으로 발생이 많았다.

목초지에서 연차별 잡초군락은 1990년, 2004년 2015년 조사한 결과를 비교할 수 있었다. 1990년에는 망초, 쑥, 양지꽃, 애기수영 등이 우점한 반면에, 2004년에는 쑥, 토끼풀, 애기수영, 바랭이, 개망초 등이 많이 발생하였다. 2015년에는 돌소리쟁이, 쑥, 토끼풀, 바랭이 등으로 목초지에 발생하는 잡초가 달랐다. 이는 연차간 변이와 조사지역간의 차이에서 확인할 수 있었다.

목초지에 사용할 수 있는 제초제는 디캄바액제(반벨), 메코프로프액제(영일엠시피피), 펜디메탈린유제(스톰프, 바데풀 등) 3종이 등록되어 있다(2017년 기준).

마. 잔디밭 잡초

잔디는 생장하면서 오래된 잎은 서서히 그 기능을 상실하고 점차 노쇠하여 떨어져 버린다. 떨어진 잎의 양은 봄에서 가을까지 계속 늘어나고 늦가을이 되면 지상부의 경엽까지 말라서 떨어진다. 잔디를 자주 깎아 주는 골프장 같은 경우에는 그 찌꺼기까지 추가되므로 그 양은 상당하여 탯취(thatch)층이라고 하는 특수한 부식층이 형성된다.

잔디밭 일년생잡초는 대체로 토양층에서 발생하는 것이 아니고 보수력이 큰 고엽퇴적층 내에서 나온다. 그러나 다년생잡초는 보통 고엽퇴적층에서 발아하더라도 뿌리는 유기물 퇴적층(mat) 밑으로 뻗어있다. 반면 잔디의 뿌리는 고엽퇴적층이 두꺼워 짐에 따라 고엽퇴적층 까지 위로 뻗으므로 선택성이 낮은 제초제의 경우 약해를 일으킬 수 있다.

잔디밭에 발생하는 잡초는 밭에 발생하는 잡초의 상당한 차이가 있으며, 계절별로 분류해 보면 표 6과 같다. 봄 잡초는 잔디가 움트기 전후인 3~4월에, 여름잡초는 5~7월에 발생하고, 가을 및 겨울잡초는 보통 9~10월에 발생한다.

공원 등 잔디밭에 발생하는 잡초는 방동사니대가리 등 사초과 3종, 바랭이, 새포아풀 등 화본과(벼과) 9종, 쑥, 꽃다지, 피막이 등 광엽잡초 25종 등 총 16과 37종이나, 산지와 인접한 묘지 잔디밭에는 53과 196종의 잡초가 발생하고 있다. 그러므로 산지와 인접한 골프장에서는 묘지에서 발생되는 잡초들이 만연할 가능성이 많다. 잔디밭에 발생되는 잡초를 효율적으로 관리하기 위해 등록된 제초제는 2017년 5월말 현재 토양처리제는 디클로베닐입제(카소론), 뷰타클로르·디클로베닐입제(동장군), 메티오졸린유제(포아박사), 오리잘린액상수화제(써프란), 옥시플로오르펜유제(고올), 이마자퀸입제(산소로), 플루세토설퓨론입제(금초), 카펜스트롤액상수화제(롱패스) 등 40품목, 경엽처리제로는 메코프로프액제(영일엠시피피), 이마자퀸액제(톤앞), 플라자설퓨론수화제(파란들), 플루세토설퓨론수화제(존플러스), 피라조설퓨론에틸입상수화제(그린키퍼), 트리플록시설퓨론소듐입상수화제(모뉴먼트) 등 38종 총 78품목이 있다. 잔디밭에서의 잡초방제체계는 일반적으로 토양처리제는 3~4월과 8~9월에 2회 처리하고, 경엽처리제는 6~7월에 처리하면 효과적으로 잡초를 방제할 수 있다.

(표 6) 잔디밭에 발생하는 계절별 주요 잡초

| 계절 | 일년생 잡초 | | 다년생 잡초 | |
	화본과(벼과)	사초과, 광엽	화본과(벼과)	사초과, 광엽
봄	새포아풀, 뚝새풀	명아주, 개여뀌, 망초, 개망초, 실망초, 별꽃, 명아주, 여뀌, 흰명아주, 주름잎, 점나도나물, 벼룩나물, 광대나물, 냉이, 개미자리, 말냉이, 방가지똥, 벼룩이자리, 마디꽃	―	토끼풀, 제비꽃, 민들레

여름	바랭이, 민바랭이, 왕바랭이, 강아지풀	애기땅빈대, 닭의장풀, 석류풀, 쇠비름, 깨풀, 털비름, 중대가리풀, 개비름, 매듭풀, 방동산이	띠, 참억새, 수크령	쑥, 참소리쟁이, 호장근, 피막이풀, 민들레, 질경이, 괭이밥, 쇠뜨기, 쑥부쟁이, 애기수영, 향부자
가을 및 겨울	새포아풀, 뚝새풀	별꽃, 벼룩나물, 점나도나물, 개망초, 망초, 실망초, 개불알풀, 벼룩이자리, 광대나물	–	토끼풀, 애기수영

바. 외래 잡초

2001년도까지 우리나라에 발생되는 외래잡초는 37과 315종이나, 농경지에 발생되고 있는 외래잡초는 적었다. 2013년부터 2015년까지 3년동안 전국적으로 조사한 결과, 우리나라 농경지에 발생하는 외래잡초는 28과 166종으로 전체 농경지 잡초 619종의 26.8%를 차지하였다(표 7). 2001년에는 100종으로 15년만에 66종이 증가하였다. 특히 화본과(벼과)가 13종이 늘어났으며, 국화과(11종)과 십자화과(7종)가 그 뒤를 이었다. 10년만에 농경지에 발생하는 외래잡초가 9과 66종이 증가한 것은 농산물 교역 증가와 해외여행객의 급증으로 인한 외래잡초의 유입이 늘었기 때문으로 추정된다. 그리고 온난화로 인한 하계기간의 아열대화 및 동계기간의 평균온도 상승 등으로 아열대성 잡초와 동계잡초의 종류 및 수가 늘어나기도 하였다.

국내 농경지에 발생하는 외래잡초를 유입시기별로 분류해보면 표 8과 같다. 1기 (1876~1921)에 유입된 외래잡초는 46종(27.7%), 2기(1922~1963)에는 돼지풀, 돌소리쟁이 등을 포함한 16종(9.6%), 그리고 3기(1963~2015)에는 미국가막사리, 도깨비가지 등 104종(62.7%)이 포함되었다.

농촌진흥청에서는 농경지에 발생하는 외래잡초 166종 중 50종을 방제대상으로 선정하여 생리생태연구 및 방제약제 선발과 방제법 개발 등의 연구를 단계별로 진행하고 있다(표 9).

(표 7) 우리나라에 발생하는 외래 잡초

구분	잡초명	학명	생활형
마디풀과	돌소리쟁이	*Rumex acetosella*	다년생
	애기수영	*Rumex obtusifolius*	다년생
	털여뀌	*Polygonum orientale*	일년생
명아주과	냄새명아주	*Chenopodium pumilio*	일년생
	양명아주	*Chenopodium ambrosioides*	일년생
	좀명아주	*Chenopodium ficifolium*	일년생
	흰명아주	*Chenopodium album*	일년생
비름과	가는털비름	*Amaranthus cruentus*	일년생
	가시비름	*Amaranthus spinosus*	일년생
	개비름	*Amaranthus lividus*	일년생
석죽과	유럽점나도나물	*Cerastium glomeraturm*	월년생
	흰꽃장구채	*Silene latifolia* ssp. *alba*	월년생
미나리아재비과	만수국아재비	*Tagetes minuta*	일년생
십자화과	유럽나도냉이	*Barbarea vulgaris*	다년생
	재쑥	*Descurainia sophis*	일년생
아욱과	난쟁이아욱	*Malva neglecta*	이년생
	어저귀	*Aburilon theophrasti*	일년생
바늘꽃과	겹달맞이꽃	*Oenothera biennis*	월년생
메꽃과	미국나팔꽃	*Pomoea hederacea*	일년생
가지과	도깨비가지	*Solanum carolinense*	다년생
	독말풀	*Datura stramonium*	일년생
	땅꽈리	*Physalis angulata*	일년생
	미국까마중	*Solanum americanum*	일년생
꿀풀과	자주광대나물	*Lamium purpureum*	월년생
현삼과	큰개불알풀	*Veronica persica*	월년생
자리공과	미국자리공	*Phytolacca americana*	다년생
국화과	개꽃아재비	*Anthemis cotula*	일년생
	개쑥갓	*Senecio vulgaris*	일년생
	단풍잎돼지풀	*Ambrosia trifida*	일년생
	도꼬마리	*Xanthium strumarium*	일년생
	돼지풀	*Ambrosia artemisiifolia* var. *elatior*	일년생
	망초	*Conyza canadensis* var. *canadensis*	월년생

구분	잡초명	학명	생활형
국화과	미국가막사리	*Bidens frondosa*	일년생
	붉은서나물	*Erechtites hieracifolia*	일년생
	비자루국화	*Aster subulatus*	일년생
	서양금혼초	*Hypochoeris radicata*	다년생
	서양민들레	*Taraxacum officinale*	다년생
	울산도깨비바늘	*Bidens pilosa*	일년생
	족제비쑥	*Matricaria deiscoides*	일년생
	주홍서나물	*Crassocephalum crepidioides*	일년생
	지느러미엉겅퀴	*Carduus crispus*	이년생
	큰도꼬마리	*Xanthium canadense*	일년생
	큰망초	*Conyza bonariensis* var. *ieiotheca*	이년생
	큰방가지똥	*Sonchus asper*	일년생
	털별꽃아재비	*Galinsoga quadriradiate*	일년생
	흰무늬엉겅퀴	*Silybum marianum*	다년생

(표 8) 우리나라 유입시기에 따른 외래잡초 발생현황

유입시기	잡초종수	비율(%)
1기 (1876~1921)	46	27.7
2기 (1922~1963)	16	9.6
3기 (1964~현재)	104	62.7
계	166	100

* 유입시기는 한국식물분류학회지 기준에 따랐음

(표 9) 방제대상 외래잡초(50종) 현황

경작지	방제대상 잡초
논 (5종)	갯드렁새, 미국가막사리, 미국외풀, 미국좀부처꽃, 털물참새피
밭·과수원 (37종)	가는털비름, 가시상추, 개망초, 개비름, 개쑥갓, 단풍잎돼지풀, 달맞이꽃, 둥근잎미국나팔꽃, 둥근잎유홍초, 망초, 미국가막사리, 미국개기장, 미국까마중, 미국나팔꽃, 미국실새삼, 미국자리공, 어저귀, 울산도깨비바늘, 유럽점나도나물, 좀명아주, 주홍서나물, 지느러미엉겅퀴, 청비름, 큰개불알풀, 큰도꼬마리, 큰망초, 큰비짜루국화, 털별꽃아재비, 흰명아주 등
목초지 (18종)	가는털비름, 가시비름, 개망초, 달맞이꽃, 도깨비가지, 돌소리쟁이, 돼지풀, 애기수영, 미국가막사리, 미국자리공, 서양민들레, 서양금혼초, 세열유럽쥐손이, 소리쟁이, 망초, 큰망초, 토끼풀, 흰명아주

* 방제대상 외래잡초 : 50종(중복 제외)

chapter 2

제초제

01

제초제의 종류 및 분류

가. 제초제 정의

제초제란 작물보호제(농약) 중에서 농작물에는 어떠한 피해를 입히지 않고, 잡초의 발생을 억제하거나 죽이는 약제를 말하며, 2017년 12월 31일 현재 우리나라에 등록된 제초제는 588품목이 있다. 이들 제초제는 논, 밭, 과수원 등에서 각각의 용도와 특성에 맞게 사용되고 있다.

나. 제초제 분류

제초제는 여러 가지로 분류할 수 있다. 제초제를 쉽게 분류만 할 수 있으면 효과적이면서 안전하게 사용할 수 있다. 제초제를 분류할 때 개발자는 화학적 구조, 작용 기작, 이행성, 성분 조합, 제형 등 주로 성분의 특성 중심으로 분류하려고 한다. 그러나 사용자는 사용 장소, 대상 잡초, 처리 시기, 처리 부위, 살포 방법 등 실용성 중심으로 분류하려고 한다.

사용 장소에 따라 분류할 경우 논에 사용하면 논 제초제, 밭에 사용하면 밭 제초제라고 한다. 과수원, 잔디밭, 목초지, 산림지, 비농경지 등에 사용하는 제초제도 사용 장소 다음에 제초제를 붙여서 과수원 제초제, 잔디밭 제초제, 비농경지 제초제 등이라고 한다.

대상 잡초에 따라 분류할 때, 쇠비름, 쑥 등과 같이 잎이 넓은 광엽잡초를 대상으로 하면 광엽잡초 제초제, 피, 바랭이 등의 화본과(벼과) 잡초를 대상으로 하면 화본과(벼과) 잡초 제초제라고 한다. 처리 시기에 따라 분류할 경우, 잡초가 발생하기 전에 사용하면 발아 전 제초제, 발생 후에 사용하면 생육기 제초제라고 한다. 처리 부위에 따라 분류할 때에는, 토양에 처리하면 토양처리 제초제, 잡초의 경엽(잎)에 처리하면 경엽처리 제초제라고 한다.

이와 같이 제초제를 사용자 입장에서 분류하면 제초제를 곧바로 사용하는 데에는 도움이 된다. 그러나 제초제의 기본 특성을 이해하고 사용하는 데에는 한계가 있다. 따라서 제초제의 작용 기작 등에 따른 분류나 화학적 구조 등에 따른 분류가 제초제의 화학적·생물적 특성 및 안전성 등을 이해하는 데에 많은 도움이 된다.

다. 제초제 사용자 입장에 따른 제초제 분류

(1) 사용 장소에 따른 제초제 종류

2017년 12월말 현재 등록된 제초제는 588품목이다. 이 품목들은 사용장소가 2곳 이상 중복되어 있는 품목들도 있으나 주로 사용되는 장소에 따라 분류해 보면, 논 제초제가 424품목으로 가장 많고, 원예용(밭, 과수원, 비농경지용) 166품목이다. 이와 같이 나누어진 것은 각각의 제초제가 작물이나 재배양식에 따라 반응이 다르기 때문이다.

(2) 잡초 종류에 따른 제초제 종류

제초제는 잡초에 따라 살초 효과가 다르기 때문에, 실용적으로 광엽잡초만을 잘 죽이는 광엽잡초 제초제, 화본과(벼과) 잡초만을 잘 죽이는 화본과(벼과) 잡초 제초제로 구분한다(표 12). 그러나 같은 광엽잡초, 같은 화본과(벼과) 잡초라도 초종에 따라 살초 효과가 다를 수도 있다. 이것은 같은 종류의 잡초 중에도 일년생이냐, 다년생이냐 등 생활형이 다르거나, 발생 시기, 휴면성, 뿌리위치 등 형태적·생태적 특성이 다르기 때문이다.

(표 10) 광엽 잡초 제초제와 화본과(벼과) 잡초 제초제

구분	제초제
광엽 잡초 제초제	2,4-D, Bentazone, Dicamba, Isoxaben, Mecoprop, Triclopyr-TEA, Pyrazosulfurin-ethyl 등
화본과(벼과) 잡초 제초제	Cyhalofop-butyl, Fenoxaprop-p-ethyl, Fluazifop-p-butyl, Metamifop, Methiozilin, Quizalofop-ethyl, Sethoxydim 등

(3) 사용 시기에 따른 제초제 종류

잡초의 생육 시기는 크게 발아전과 생육기로 구분한다. 대부분의 제초제는 같은 잡초에 처리하더라도 처리 시기에 따라 전혀 다른 제초 효과를 보인다. 잡초 발아 전 처리제는 토양 처리제이고, 생육기 처리제는 경엽 처리 제초제이다. 대부분의 제초제는 잡초 발아 전 제초제이고 2,4-D(이사디수화제 등), Bentazone(벤타존 액제, 밧사그란 등) 등이 생육기 처리제이다.

(4) 처리 부위에 따른 제초제 종류

제초제는 처리 부위에 따라 토양처리 제초제와 경엽처리 제초제로 분류한다. 토양처리 제초제는 토양에 직접 처리하는 제초제로서 잡초종자가 발아하기 전에 사용하고, 경엽처리 제초제는 잡초가 발생한 후 잡초의 경엽(잎)에 직접 처리하거나 잡초의 경엽(잎)에서 흡수되도록 처리하는 제초제를 말한다. 현재 사용 중인 제초제 중에서 토양처리 제초제는 전체의 80%를 넘는다(표 11).

(표 11) 처리 부위에 따른 제초제 품목 수(2017년 기준)

구분	토양 처리 제초제	경엽 처리 제초제	계
제초제 품목 수(종)	512 (87.1%)	76 (12.9%)	588 품목 (100%)

토양처리 제초제 중에서, 약제의 이동성이 적거나 휘발성 높은 제초제는 이앙전 또는 파종전에 토양과 섞어주는 토양혼화를 한다. 토양혼화처리 제초제와 이앙후 수면처리 제초제도 발아전 제초제에 속한다. 토양 겸 경엽처리 제초제도 있다. 이는 제초제 사용시기 폭이 넓어서 잡초 발아 전부터 생육초기까지 방제할 수 있다는 중기제초제 개념이다. 발아전을 포함해서 조금 늦긴 해도 기본적으로 잡초 유묘 생장을 억제하기 위해서 토양에 처리하므로 토양처리 제초제라고 할 수 있다. 기계이앙벼 논제초제의 경우, 처리시기와 처리부위에 따라 이앙전 처리제(써레질~이앙전), 초기 처리제(이앙후 5~7일, 피1엽기), 초·중기 처리제(이앙후 10~12일, 피2엽기), 중기 처리제(이앙후 15일경, 피3엽기), 중기 경엽처리제(이앙후 25일경, 피4~5엽기), 후기 경엽처리제(벼 유효분얼기~유수형성전)로 구분하기도 한다.

라. 제초제 개발자 입장에 따른 제초제 분류

(1) 작용 기작에 따른 분류

살균제나 살충제는 병해충을 대상으로 하지만, 제초제는 식물을 대상으로 한다. 따라서 제초제 작용기작 분류방법은 살균제나 살충제의 그것과는 전혀 다르다. 제초제가 식물의 뿌리 또는 잎에서 흡수되면, 특정한 작용점으로 이행하여 작용을 하고, 그 영향으로 여러 가지 형태의 반응이 나타난다. 이와 같은 흡수에서 반응까지 전 과정을 작용기작(mode of action)이라고 한다. 제초제의 작용기작은 보통 7개로 분류하고 있다(표 12). 흔히 세분되는 세포분열 저해제, 핵산합성 저해제, 호흡 저해제, 전자전달 저해제 등은 유묘생장 저해제로 통합되고, 단백질합성 저해제 등은 아미노산 합성 저해제로 통합될 수 있다.

(표 12) 작용 기작에 따른 제초제 분류

작용 기작	화학적 구조(계통)
1. 생장 조절제	Benzoic acids, Phenoxy acetic acids, Pyridines
2. 유묘 생장 저해제	Acetamides, Benzamides, Benzofuranes, Carbamates, Chloroacetamides, Dinitroanilines, Nitriles, Oxyacetamides, Phosphorodithioates, Pyridines, Quinoline carboxylic acids, Tetrazolinones, Thiocarbamates
3. 광합성 저해제	Amides, Benzothiadiazinone, Triazines, Triazinones, Uracils, Ureas
4. 아미노산 합성 저해제	Glycines, Phosphinic acids, Imidazolinones, Pyrimidinyl benzoates, Sulfonanilides, Sulfonylureas
5. 지질 합성 저해제	Aryloxyphenoxypropionates, Cyclohexanediones
6. 색소체 저해제	Bicyclooctans, Isoxazolidinones, Pyrazoles, Pyridine carboxamides, Triketones
7. 세포막 저해제	Bipyridyliums, Diphenylethers, N–phenylphthalimides, Oxadiazoles, Oxazolidinediones, Pyrimidindiones, Triazolinones

(2) 화학적 구조(계통)에 따른 분류

각각의 제초제를 하나씩 보면 전부 다르고 복잡하게 보인다. 그러나 화학적 기본 구조가 같은 계통끼리 묶어서 보면 각각의 화학적 특성, 환경 안정성, 생물적 영향 등을 개략적으로 짐작할 수 있다.

화학적 기본 구조를 계통이라고도 한다. 같은 계통의 제초제는 실험실에서나 환경에서뿐만 아니라 식물체 내에서도 대체로 비슷한 작용을 하기 때문에 계통으로 분류한다. 외국이나 국내에서 사용되는 제초제 성분 약 300종을 계통에 따라 분류하면 약 100계통이나 된다(표 13).

(표 13) 화학 구조에 따른 제초제 분류

화학적 구조(계통)	제초제(성분명)
Phenoxy acetic acids	2,4-D, MCPA, Mecoprop 등
Benzoic acids	Dicamba
Pyridines	Fluroxypyr, Triclopyr 등
Dinitroanilines	Ethalfluralin, Oryzalin, Pendimethalin, Trifluralin 등
Chloroacetamides	Alachlor, Butachlor, Metolachlor, Pretilachlor 등
Acetamides	Napropamide, Naproanilide 등
Nitriles	Dichlobenil, Chlorthiamid 등
Thiocarbamates	Dimepiperate, Esprocarb, Thiobencarb 등
Triazines	Prometryn, Simazine, Simetryn, Terbuthylazine 등
Ureas	Isoproturon, Linuron, Methabenzthiazuron 등
Amides	Propanil
Benzthiadiazinone	Bentazone
Sulfonylureas	Azimsulfuron, Bensulfuron-methyl, Cinosulfuron, Ethoxysulfuron, Flazasulfuron, Flucetosulfuron, Imazosulfuron, Metazosulfuron, Nicosulfuron, Pyrazosulfuron-ethyl, Rimsulfuron, Thifensulfuron-methyl, Trifloxysulfuron 등
Imidazolinones	Imazapyr, Imazaquin 등
Glycines	Glyphosate-ammonium, Glyphosate-potassium 등
Phosphinic acids	Glufosinate-ammonium, Bialaphos
Aryloxyphenoxy propionates	Cyhalofop-butyl, Fenoxaprop-P-ethyl, Metamifop 등
Cyclohexanediones	Clethodim, Profoxydim, Sethoxydim 등
Pyrazoles	Pyraflufen, Pyrazolynate, Pyrazoxyfen
Bicyclooctans	Benzobicyclon
Isoxazolidinones	Clomazone
Bipyridyliums	Paraquat
Diphenylethers	Bifenox, Chlomethoxyfen, Oxyfluorfen 등
Oxadiazoles	Oxadiazon, Oxadiargyl

02

제초제의 특성

가. 제초제의 식물체(잡초) 내로의 흡수 · 이행 및 대사

제초제는 식물체(잡초)에 들어가서 작용 부위로 이행되어야만 살초 작용을 나타
내기 때문에 제초제의 흡수와 이행은 잡초방제 효과의 발현에 매우 중요하다. 식
물(잡초)에 의한 제초제의 흡수는 식물의 형태 및 내부 구조, 환경 조건 등에 의하
여 영향을 받는다. 제초제가 일단 잡초에 흡수되면 살초 효과를 발현할 수 있는
이상의 농도가 축적된 후에 작용 부위로 이행된다.

잡초 내에서 제초제의 흡수 및 이행 정도는 (그림 2)에서 보는 바와 같이 제초제
의 화학적 성질뿐만 아니라 제초제의 처리 부위 및 잡초의 외부 형태적 또는 생리
적 특성에 따라 좌우된다. 그리고 제초제가 작용 부위에 도달하기까지는 여러 과
정에서 장애를 받게 되므로 이행되는 제초제의 양은 처리한 제초제의 양에 비하
여 점차적으로 감소하게 된다. 관련 문헌에 의하면 처리한 제초제가 작용점에 도
달하는 양은 1/10 내외이다.

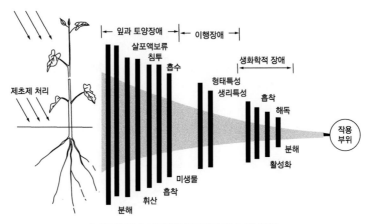

(그림 2) 잡초 내에서 제초제의 흡수 및 이행

(1) 제초제 흡수

제초제가 살초 효과를 나타내려면 잡초 안으로 흡수되어야 한다. 잡초의 표면은 제초제의 흡수 속도를 조절하거나 또는 제초제를 전혀 흡수하지 못하게 한다. 또 제초제의 화학적 성질도 제초제의 흡수에 관여한다. 따라서 제초제의 선택적 흡수는 잡초에 대한 반응의 차이를 나타낸다.

제초제가 흡수되는 주된 부위는 줄기와 잎, 그리고 뿌리인데 이것은 제초제의 처리형에 따라 다르다. 잡초 발생 전에 처리하는 토양 처리형 제초제는 어린 싹 또는 뿌리로 흡수되며, 잡초 발생 후 처리하는 경엽 처리형 제초제는 주로 잎과 뿌리로 흡수되는데 잎이 중요한 흡수부위이다.

(가) 종자에 의한 흡수

토양에 처리한 제초제는 토양에 있는 종자가 발아 전 또는 발아 기간 중에 흡착되거나 흡수된다. 즉 토양에 처리한 제초제가 종자 껍질(종피, 種皮) 표면에 부착되며, 종자가 발아하여 종피를 뚫고 표면으로 출아할 때 유묘(幼苗, 어린 싹)에 의하여 제초제가 흡수된다. 그리고 흡수된 제초제는 집단류(集團流)와 확산에 의하여 종자 내로 침투된다.

(나) 뿌리에 의한 흡수

잡초가 생존하는 데 꼭 필요한 물은 일차적으로 뿌리털에서 일어나며, 뿌리 주위에 녹아있는 영양소가 물과 함께 흡수된다. 뿌리 주위에 있는 제초제는 일반적으로 농도 차에 의한 단순한 확산에 의하여 식물체내로 흡수된다. 특히 뿌리로 흡수가 잘 되는 제초제로는 트리아진계의 시마진(Simazine) 등이 있으며, 이들은 다시 뿌리에서 잎으로 이행하여 광합성을 억제한다.

제초제는 세 경로, 즉 아포플라스트, 심플라스트 및 아포플라스트-심플라스트를 통하여 뿌리 속으로 들어간다. 제초제는 일반적으로 위에서 말한 한 경로를 통하여 들어가지만, 각 제초제의 화학적 · 물리적 특성에 따라 하나 이상의 경로로 들어가기도 한다.

제초제는 주로 잎의 증산작용에 의해 발생되는 증산류(蒸散流)에 따라 뿌리로부터 물관을 통하여 위로 빨리 이행되지만, 체관을 통하여 위로 이행되는 경우도 있다. 그러므로 뿌리에서는 물관을 통한 제초제의 흡수가 체관을 통한 흡수보다 더 중요하다.

(다) 잎에 의한 흡수

잎에 의한 제초제의 흡수는 잎의 표면이나 또는 기공(氣孔)을 통하여 이루어진다. 일부 제초제의 휘발성 기체와 일부 용액은 기공을 통하여 흡수되지만, 대부분의 경우 잎의 표면으로 직접 침투하여 흡수된다.

줄기나 잎에 살포한 제초제가 잎에 흡수되는 과정을 좌우하는 중요한 요인으로는 약제가 잎 표면에 보류되는 양 및 시간, 그리고 약제의 잎 큐티클층 투과력을 들 수 있다. 습윤제 또는 전착제 등은 잎의 표면장력을 적게 하여 흡수를 증가시키고 큐티클의 납질이나 유성물질을 용해함으로써 엽면 흡수를 증가시킨다.

강우(降雨)는 제초제의 흡수에 중요한 영향을 끼치고, 처리 직후의 강우는 흡수를 저하시킨다. 그리고 온도가 상승하면 제초제의 흡수가 촉진된다. 흡수 과정은 화학적 반응 과정이므로 온도가 10℃ 증가함에 따라 화학 반응의 증가속도는 2배가 증가된다.

(라) 자엽초(子葉鞘)나 어린 줄기에 의한 흡수

일부 제초제는 잡초의 종자가 발아한 다음 지표면을 뚫고 위로 올라갈 때 자엽초
와 어린 줄기에 의하여 토양으로부터 흡수되어 잡초가 고사된다.

(2) 제초제 이행(移行)

제초제의 흡수 과정이 완료되면 제초제는 작용 부위로 이행하게 된다. 잡초 내에
서 제초제가 흡수되는 위치와 작용 부위는 반드시 일치하지 않기 때문에 일단 흡
수된 제초제는 작용 부위로 이행되어야만 그 효과를 나타낼 수 있다. 따라서 제초
제의 이행은 잡초방제의 효과 면에서 매우 중요하다. 특히 땅 속에 번식기관을 가
지고 있는 다년생 잡초에 있어서는 제초제의 이행이 더욱 중요하다.
잡초 내에서의 제초제 이행은 심플라스트(Symplast), 아포플라스트(Apoplast)
및 세포 간극을 통하여 이루어진다. (표 14)과 같이 제초제의 이행은 제초제의 종
류에 따라 다르다.

(표 14) 제초제의 이행 정도와 주된 이행 경로

구분		대상 제초제
이행성 (移行性)	아포플라시트	Napropamide, Thiocarbamates, Triazines, Ureas 등
	심플라스트	Glyphosate 등
	양계통	Dicamba, MCPA, Picloram 등
제한된 이행	아포플라시트	Bisoyridyliums, Perfluidone 등
	심플라스트	Phenoxys 등
	양계통	Nitriles, Phenoxys, Propanil 등
	이행되지 않음	Bensulide, Dinitroanilines, Diphenyl ethers 등

식물체 내에서 제초제의 이행은 다른 용질 이동과 함께 이루어진다. 아포플라스트는
세포간극, 세포벽 및 물관과 연결된 부위를 의미하며 죽은 세포로 구성되어 있다.
뿌리로부터 흡수한 아포플라스트이행 제초제는 물과 동일한 통로를 통하여
이동하며 증산류(蒸散流)를 따라 상승하고, 제초제 이동의 원동력은 증산작용에
의하여 얻어진다. 잎으로부터 흡수한 제초제는 보통 조건에서는 처리한 잎에

그대로 머물러있지만 증산류에 역행되는 조건, 즉 습도가 매우 높고, 매우 건조한 토양에서는 처리한 잎으로부터 제초제의 이동이 이루어진다.

식물체의 심플라스트는 각 세포의 세포질, 원형질 연락사 및 체관을 포함하는 식물체 전체의 원형질 부분을 의미하며 살아있는 세포로 구성되어 있다. 잎을 통하여 흡수한 심플라스트이행 제초제는 광합성 산물과 함께 이행하는데 잎으로부터 체관을 통하여 뿌리, 눈, 발육중인 과실 생장점 등과 같은 광합성산물 수용기관으로 이행된다.

(3) 식물에서의 제초제의 대사(代謝)

식물체(잡초) 내로 흡수·이행된 제초제는 잡초에는 독성을 일으켜 죽게 만들고, 작물에는 해를 입히지 않게 만드는 일련의 화학 반응을 대사라고 한다. 식물에서 제초제의 대사는 잡초와 작물 간 제초제 선택성의 가장 중요한 작용이다.

일반적으로 작물이나 또는 저항성 잡초는 조직에서 제초제가 독성 수준으로 축적되는 것을 충분히 피할 수 있을 정도로 제초제를 빠르게 무독화할 수 있다. 즉 제초제의 분자는 다른 물질과의 결합(結合), 무독화(無毒化), 집적(集積) 등에 의하여 외부로부터 흡수되는 것보다 더 빨리 활성 세포로부터 제거된다. 잡초 내에서 제초제의 대사 경로는 (그림 3)과 같다.

제초제의 분해는 제초제 분자의 화학 구조가 변화되는 것을 말하는데, 일반적으로

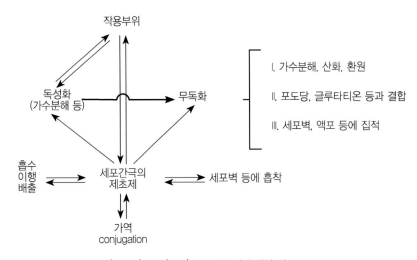

(그림 3) 식물(잡초)에서 제초제의 대상 경로

한 제초제의 원자 하나를 다른 원자로 치환(변환)되면 거의 또는 전혀 살초 효과가 없는 물질로 변화된다. 여기에는 특정 효소에 의하여 반응이 촉매되는 것이 일반적이다.

제초제를 분해시키는 반응으로 고등 식물에서 일반적으로 볼 수 있는 것은 산화, 환원, 가수분해, 결합 반응이다. 그 밖에도 탈카르복시 반응, 탈알킬 반응, 히드록시 반응, 탈염소 반응 등이 있다.

나. 제초제의 선택성

(1) 개념

제초제는 잡초에 대하여서는 강한 활성(반응)을 가져야 하나 농작물에는 영향을 주어서는 안 된다. 이와 같이 농작물에는 피해(또는 약해)를 주지 않고 잡초만을 선택적으로 죽일 수 있는 현상을 제초제의 선택성이라 한다. 처리한 제초제에 식물체가 민감한 반응을 보이는 것을 감수성이라 하며 전혀 반응을 나타내지 않을 때 내성 또는 저항성이 있다고 한다.

선택성이란 제초제에 대한 식물체의 감수성 정도의 차이라고 볼 수 있으며 작물 간 또는 작물의 품종 간, 작물과 잡초 간, 잡초 간의 선택성이 있을 수 있다. (그림 4)는 작물과 잡초 간의 선택성의 폭을 나타낸 것으로 선택성 폭이 클수록 잡초를 효과적으로 안전하게 방제할 수 있다.

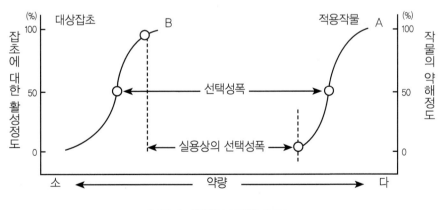

(그림 4) 제초제의 선택성 개념도

(2) 선택성의 종류

선택성에는 작물과 잡초의 시간적·공간적 차이에 의한 생태적 선택성, 식물의 외부 형태적 차이에 의한 형태적 선택성, 잡초 잎 또는 토양에 처리한 제초제의 흡수 및 이행의 차이에 의한 생리적 선택성 그리고 제초제의 활성화 및 불활성화 차이에 의한 생화학적 선택성이 있다.

(가) 생태적 선택성

생태적 선택성이란 작물과 잡초 간에 시간적·공간적 차이에 의하여 나타난다. 벼는 모내기 때 잎이 3~5매가 되어 있으며, 생장점도 땅속에 묻혀 있어서 이 시기에 제초제를 뿌리면 벼에는 피해가 없으나 피 등의 잡초는 갓 발아하면서 크게 억제를 받거나 죽게 되는 것은 시간적 차이에 의한 선택성이다(그림 5). 그리고 과수원에서 과수 아래에 뿌려 밑에 있는 잡초만을 방제하는 것을 공간적 선택성이라 한다(그림 6).

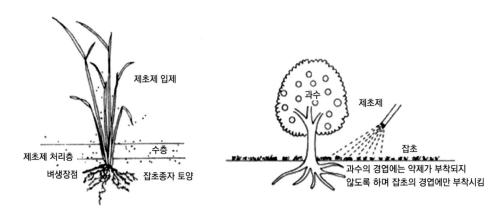

(그림 5) 벼 이식 재배에서 제초제의 선택성   **(그림 6) 생육 공간을 이용한 선택성**

(나) 형태적 선택성

형태적 선택성이란 식물의 생장형, 즉 외형 차이에 의하여 나타나는 선택성을 말한다. 예를 들면, 페녹시계의 '2, 4-D'는 단자엽이 화곡류(벼, 보리) 및 화본과 (벼과) 잡초(피, 바랭이) 등에는 약해가 없으나 쌍자엽인 광엽식물에는 약해가 나타난다. 이것은 쌍자엽인 콩 등은 생장점이 2, 4-D에 노출되므로 제초제가 쉽게 흡수되어 억제 현상이 나타나기 때문이다. 그러나 화곡류의 생장점은 줄기의 마디에 있어서 2, 4-D에 직접 노출되지 않기 때문에 피해를 거의 입지

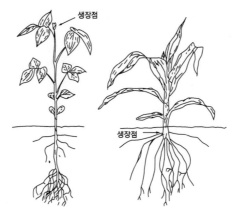

(그림 7) 쌍자엽(콩)과 단자엽(옥수수) 식물의 생장점 위치 차이

않는다(그림 7).

(다) 생리적 선택성

생리적 선택성이란 잡초 잎 또는 토양에 처리한 제초제의 흡수 및 이행의 차이에 의하여 나타나는 선택성을 말한다. 잡초 잎 또는 토양에 처리한 제초제가 약효를 나타내기 위해서는 작용점까지 이행되어야 하는데 그 과정은 굉장히 복잡하고 다양하다.

작물과 잡초 또는 작물 간 표피 구조는 유사하나 반투과성을 가진 세포막의 물질 흡수는 식물의 종류에 따라 다르므로 여기서 식물종 간의 흡수 차이에 의한 선택성이 나타날 수 있다. 그리고 흡수된 제초제가 식물체 내에서 이행되는 과정도 식물의 종에 따라 다르다. 또 흡수성에 차이가 있고 생리적으로 이행에 차이가 있으면 제초제의 작용점에 도달하는 농도에 차이가 생겨 선택성이 나타난다.

(라) 생화학적 선택성

동일한 양의 제초제가 식물체 내에 흡수·이행되더라도 식물의 감수성 차이에 따라 약효가 발현되는 정도가 달라지는데, 이를 생화학적 선택성이라 한다. 이

선택성은 제초제의 활성화 반응과 불활성화 반응으로 나눌 수 있다.

· 활성화 반응에 의한 선택성 : 제초제 그 자체로는 활성이 없으나 감수성 식물체 내에서 활성화됨으로써 독성을 발휘하여 식물체를 죽이는 반응이다. 예를 들면, 페녹시계 제초제인 MCPB는 원래의 형태로는 살초력을 나타내지 않는다. 그러나 MCPA를 목초지에 살포할 경우 쐐기풀은 β-산화반응으로 인해 MCPB가 활성을 지닌 MCPA로 변형되어 살초력을 갖게 된다. 그러나 토끼풀은 식물체내에서 β-산화반응이 일어나지 않아 MCPB가 변형되지 않아서 토끼풀에 대한 살초력은 없다.

· 불활성화 반응에 의한 선택성 : 생화학적 선택성은 활성화 반응보다는 불활성화 반응을 통해 발현되는 경우가 대부분이다. 불활성화 반응은 처리한 제초제가 원래의 형태를 잃어버림으로써 무독화(無毒化)되는 것으로 의미한다. 제초제를 식물체 내에서 불활성화시키는 방법으로는 ① 산화, ② 환원, ③ 가수분해, ④ 식물체내 물질과의 결합 반응 등을 들 수 있다. 프로파닐(Propanil)은 같은 화본과 (벼과) 내에서 벼에는 해(害)가 없고 피만을 죽이는 속간 선택성을 갖고 있다. 이 선택성은 벼 체내에 프로파닐을 가수분해하는 효소인 '아릴아실아미다제 Ⅰ'이 존재하기 때문이다. 또 시마진(Simazine), 아트라진(Atrazine) 등의 s-트리아진계 제초제에 대해서 옥수수는 저항성이고, 밀은 감수성이다. 이것은 옥수수 체내에 있는 효소가 염소 원자를 탈락시켜 하이드록시 시마진으로 무독화시키기 때문이다.

(3) 제초제 선택성에 영향을 주는 요인

(가) 식물적 요인

제초제 선택성은 작물의 생육 시기, 건강 정도, 품종 간 반응 등에 의해 영향을 받는다.

· 식물의 발육 상태 : 식물체의 생육이 왕성하고 빠르게 일어나는 어린 시기는 영양분, 온도, 수분이 적정할 경우 제초제에 의하여 가장 민감한 반응을 나타낸다. 분열 조직은 일반적으로 제초제가 축적되는 곳으로서, 세포 분열이 왕성하게 일어나 영양소의 요구도가 증가하고 대사가 왕성해지므로 제초제에 대한 억제 작용이 더욱 촉진된다. 그러나 성숙기나 휴면기의 조직은 제초제의 작용에

민감하게 반응을 보이지 않는다.

· 영양소의 공급 : 어떤 제초제에 감수성을 보이는 잡초라 할지라도 영양 결핍 상태보다는 영양 공급이 충분한 상태에서 왕성히 자라고 있을 때에 훨씬 민감한 반응을 보인다. 그러나 내성 식물의 저항성은 대개 결합 반응이나 대사 차이에 기인하는 것이므로 영양소가 적절히 공급될 때 효소의 합성 또는 작용이 증가하여 저항성도 증가된다.

· 작물의 품종 : 동일 품종 간에도 형태적 특성뿐만 아니라 생리 · 생화학적 특성 차이에 따라 제초제 대한 반응을 달리한다. 특히 일반 벼에 비하여 인디카형 벼는 시메트린(Simetryn) 제초제에 감수성인데 반하여, 설포닐우레아(Sulfonylurea)계 제초제에는 반대의 반응을 나타내고 있다.

· 작물의 건강 상태 : 기계적인 상처나 병해충에 의하여 피해를 받았거나 뿌리 등이 건강하지 못한 작물과, 건강한 작물은 동일 제초제에 대하여 감수성 정도를 달리하므로 작물을 건강하게 재배하는 것이 선택성을 증가시킨다.

· 농약의 상호 작용 : 제초제인 프로파닐(Propanil)은 카바메이트(Carbamate) 계의 살충제인 카보푸란(Carbofuran)과 근접 또는 동시에 처리되면 프로파닐과 카보푸란을 대사시키는 효소의 경합으로 인하여 프로파닐의 약해를 증가시킨다. 그러므로 제초제와 호르몬 또는 기타 농약과 근접 살포할 때에는 상호 작용을 충분히 검정한 후 처리하여야 약해를 경감시킬 수 있다.

(나) 환경적 요인

환경적 요인인 빛, 온도, 강수량 및 상대 습도 등은 식물체의 형태적 또는 생리적 특성의 변형이나 제초제의 화학적 성질을 변형시키므로 제초제의 흡수 · 이행에 영향을 미쳐 선택성에 영향을 미친다. 식물의 전체 반응에 미치는 환경 조건은 직 · 간접적으로 어떤 특정 제초제에 대한 선택성에도 영향을 미친다.

광합성 억제제인 트리아진 및 요소계 제초제는 빛의 강도가 323lux에서 4,300lux까지 증가할수록 약해도 증가된다. 토양에 처리한 제초제가 물관부를 통하여 지상부로 이행할 때 고온 조건일수록 증산이 활발해져서 제초제 이행이 증가된다. 트리아진계 제초제인 시메트린(Simetryn)은 증산 작용이 잘 일어나는 고온 조건의 인디카형 벼에서 심한 약해를 유발한다.

강우량은 제초제의 토양 내 이동을 증가·누수시키며, 경엽에 처리한 제초제를 씻어 내리므로 독성 발휘에 크게 영향을 미친다. 상대 습도도 제초제의 식물체 내 흡수에 영향을 미치는 주요 요인이다. 2, 4-D는 상대 습도가 34~38%일 때보다 70~74%일 때 콩과류 잎으로부터의 흡수와 뿌리로의 이동이 커진다.

(다) 농약적 요인

제초제 자체가 지닌 화학 구조나 이화학적 특성은 선택성 발휘와 밀접한 관련이 있다. 그러므로 제초제의 유효성분뿐만 아니라 제조할 때 사용한 부제 등도 매우 중요한 역할을 한다. 제초제의 처리 농도나 제형 등도 환경과의 관계에 따라 식물체에 미치는 영향에 차이가 있다.

이런 일련의 제초제 선택성은 제초제 살포로 인한 약해 발생을 최소화하기 위한 하나의 과정이다. 제초제는 적정 대상 작물에 적정 시기에 적당량을 살포한다면 안전하다. 이것은 제초제의 선택성을 최우선으로 하였기 때문이다. 제초제 사용자인 농업인은 제초제의 선택성에 영향을 미쳐 약해가 발생되지 않도록 특별히 유의하여야 한다.

다. 제초제의 환경 중 동태(動態)

(1) 제초제와 생태계

제초제 사용의 근본 목적은 농경지에 발생하는 잡초를 방제하고 작물을 건강하게 자랄 수 있게 하는 것인데, 실질적으로 사용되고 있는 제초제들은 잡초 간, 작물과 잡초 간에 선택성을 나타낸다. 제초제의 종류, 이화학적 성질, 처리 시기와 방법, 대상 작물의 종류에 따라 생태계에 미치는 영향에는 차이가 있다.

또 제초제의 연용(連用, repeated application)은 저항성 잡초의 발생이나, 토양 미생물 등에 영향을 미친다. 그리고 식물과 미생물 등의 생물종의 변화를 인위적으로 도태(淘汰, selection) 또는 조장(助長)하는 역할을 하므로 동일 제초제의 연용은 가급적 피하고 생태계에 많은 변화를 일으키지 않으면서 잡초만을 적절히 억제시켜 작물의 생산을 경제적으로 할 수 있는 잡초방제법이 확립되어야 한다.

(2) 제초제와 토양

제초제가 토양에 처리되면 환경의 영향을 직접 받게 되는데, 그 가운데서 토양의 성질이 약효나 약해에 가장 많은 영향을 미친다. 제초제를 입제 형태로 처리하면 100%가 토양에 일단 쌓이게 되나, 잡초의 잎과 줄기에 처리하는 유·액제의 경우는 30~40%가 토양에 쌓이고, 30%정도는 식물체에 흡수되며 나머지 30% 정도는 대기 중으로 분산된다. 토양에 처리된 제초제는 토양의 고상(固相, Solid phase), 액상(液相, Liquid phase), 기상(氣相, Gas phase) 및 토양 중에 살아 있는 미생물 등과 복잡한 상호 작용을 하므로 제초제의 형태를 정확히 파악하기는 매우 어렵다. 토양에 처리된 제초제의 중요 행적을 보면 우선 ① 토양 내 흡착, ② 휘발, ③ 용탈, ④ 유리(분리), ⑤ 식물체 내 흡수, ⑥ 미생물적 분해, ⑦ 화학적 분해, ⑧ 광분해 등을 거치면서 소실된다(그림 8).

(가) 토양 내 제초제의 행적

· 흡착 : 제초제의 흡착(吸着, Adsorption)은 제초 성분이 토양 중에 있는 점토 표면에 부착되거나 친화력을 갖는 것을 말한다. 점토는 직경이 0.002mm보다 작은 미세한 입자로서 화학적·교질적 작용을 하고 물과 흡착하는 힘이 크다. 점토나 부식은 입자가 잘고 직경이 0.1um 이하의 입자인 교질(膠質, Colloid)로 되어 있어서 양이온을 흡착한다. 제초제 토양 입자에 흡착되는 데는 유기물인 휴머스 및 휴믹산, 무기질은 점토물질 등과 밀접한 관계가 있다.

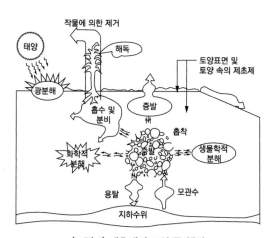

(그림 8) 제초제의 토양 중 행적

제초 성분의 흡착 정도가 제초제의 약효를 결정하는 데 중요한 역할을 하게 된다. 흡착이 많거나 강하면 식물체나 토양 미생물이 이용할 양에 절대적인 영향을 미치고 제초제의 용탈, 휘발, 유거(流去, Run-off) 등에도 영향을 미친다. 이런 제초 성분이 토양에 흡착되는 메커니즘(Mechanism)에는 양이온 결합, 음이온 결합, 반데르발스 힘, 수소 결합 등이 있다.

양이온 결합을 통하여 토양에 흡착되는 중요한 제초제는 파라콰트(Paraquat)와 디콰트(Diquat)가 있다. 이들 제초제는 물에 대한 용해성이 높고 점토질에 쉽게 흡착된다. 일단 토양에 흡착이 되면, 이동이 잘 되지 않으며 토양 미생물에도 나쁜 영향을 미치지 않고 식물체도 이용할 수 없는 형태로 강하게 흡착된다. 파라콰트는 우리나라에서는 사용되지 않고 있다. 음이온을 띠는 제초제인 2, 4-D 등은 토양 입자와 같은 음이온을 띠고 있어서 토양에 쉽게 흡착되지 못한다. 그런 관계로 2, 4-D 살포 직후에 비가 오면 2, 4-D 성분이 토양 중으로 이동되어 주변 광엽작물에 약해를 유발시킬 수 있다.

· 휘발 : 휘발(揮發, Volatilization)이란 토양에 처리한 제초제가 기체화되어 없어지는 상태를 의미하며, 제초제는 처리됨과 동시에 휘발하게 된다. 증기압과 휘발은 밀접한 관계가 있으며, 증기압이 높을수록 휘발성이 크다. 휘발성이 강한 2, 4-D 에스테르형은 처리한 당일에 10% 정도 휘발되어 인접해 있는 감수성 광엽작물에 약해를 일으킬 수 있다. 빛이 강할수록 토양표면은 뜨거우므로 제초제가 쉽게 휘발한다. 실례로 기계 이앙논에서 5월 중·하순에 이앙하고 6월 초·중순에 몰리네이트(Olinate) 성분이 함유된 제초제를 살포하면, 휘발에 의해 논과 인접한 고추 잎에 피해를 주기도 하였지만, 몰리네이트 성분은 현재 국내에서는 사용되지 않고 있다.

· 용탈 : 용탈(溶脫, Leaching)이란 물이 밑으로 이용하는 현상을 말한다. 제초제가 토양 내에서 이동하는 정도는 약효 및 약해 발현에 크게 영향을 미칠 뿐만 아니라 약효의 잔효 기간과도 깊은 관련이 있다. 제초제가 흡착되지 않은 상태에 있을 때에는 수분 이동과 더불어 용탈될 가능성이 높아 2차적인 약해를 유발시킬 수 있다. 토양에의 흡착 정도는 제초제의 종류와 토양의 유형, 유기물 함량, 토양의 pH 등에 따라 크게 좌우된다. 토양에 흡착이 잘 안 되는 제초제일수록 토양 이동성이 크다. 또 물에 대한 용해도가 클수록 흡착 계수가 낮고 토양 이동성이 크며, 강수량이 많을수록 제초제의 용탈 정도가 커진다.

(표 15)와 (표 16)에서 보는 바와 같이 제초제의 토양 중 이동성이 크거나, 용해도가 높으면서 흡착 계수가 낮은 제초제는 강우 등에 의하여 주변 농작물에 약해를 일으킬 수 있다. 여기에 해당되는 제초제는 디캄바(Dicamba), 2, 4-D 등이다.

(표 15) 제초제의 토양 중 상대 이동도

이동도	제초제
이동 대(大)	TCA, Dalapon, Amiben 등
이동 중(中)	Picloram, MCP, 2,4-D 등
	Prometryn, Diphenamid, Atrazine, Simazine, Alachlor 등
	Bensulide, Linuron, Molinate 등
이동 소(小)	Paraquat, Nitralin, Trifluralin 등

(표 16) 제초제의 용해도와 흡착 계수

제초제	용해도 (ppm)	흡착 계수 (mL/g)	제초제	용해도 (ppm)	흡착 계수 (mL/g)
Dicamba	720,000	2	Napropamide	73	700
Hexazinone	33,000	54	Butachlor	23	700
Clomazone	1,100	300	Simazine	6,2	130
2,4-D	796	20	Oryzalin	2,6	600
Metolachlor	488	200	Oxadiazon	0,7	3200
Alachlor	242	124	Pendimethalin	0,275	17,200
Linuron	75	400	Oxyfluorfen	0,1	100,000

(나) 제초제의 분해

토양 중에서 제초제가 소실되는 주요 경로는 분해 작용이다. 분해로 인하여 생성된 화합물은 모화합물(母化合物, Parent compounds)보다 독성은 크게 감소되나 종류에 따라서는 토양 내에서 어떠한 행적을 나타내는지를 정확히 구명하기 어려운 것도 있다. 토양에 처리된 제초제는 화학적 분해(化學的 分解, Chemical degradation), 미생물적 분해(微生物的 分解, Microbial degradation), 광분해(光

分解, Photo-decomposition) 등의 과정을 거치면서 원래의 형태를 잃어버린다.

(3) 제초제의 토양 잔효성

처리한 제초제가 토양 중에서 분해되지 않고 활성이 유지되는 것을 잔효성(殘效性, Persistence)이라고 한다. 잔효성이 지속되는 기간은 잡초방제 기간과도 밀접한 관계가 있기 때문에 이는 매우 중요한 의미를 가진다. 그러나 잔효 기간이 후작물에 영향을 미칠 정도로 길어서는 안 되며 대상 작물에서 잡초방제라는 소기의 목적을 달성하고는 소실되어 버리는 것이 바람직하다.

토양 중 제초제의 잔효성은 제초제가 토양 중에서 흡착, 소실, 분해를 거친 결과로 나타나는 것이며, 잔효성에 영향을 미치는 요인으로는 제초제 자체의 이화학적 특성, 토양 환경(종류, 구조, pH, 유기물 함량 등), 기상 환경(온도, 수분, 광 등), 재배 작물이나 재배 방법 등을 들 수 있다.

제초제의 소실률은 반감기(半減期, Half-life)의 개념과도 같다. 즉 어떤 제초제의 반감기가 50일이라고 하는 것은 제초제 처리 후 50일째에 이 제초제의 1/2이 분해되고 100일째에는 원래 양의 1/4, 150일째에는 1/8로 분해되는 것을 의미한다. 우리나라 대부분의 제초제 반감기는 3개월(180일) 내외이다.

(그림 9)는 제초제를 1회 처리했을 때와 주기적으로 처리했을 때 토양에 축적되는 제초제 함량을 나타낸 것으로, 1회 처리 시는 여러 경로를 거쳐 소실되나 주기적으로 여러 차례 처리하면 일부 양이 축적될 수 있다. 그러나 제초제 처리 시기 및 농도를 준수하면 축적되는 양이 훨씬 적으며, 또 우리나라는 동절기에는 제초제를 처리하지 않아 이듬해 봄에는 자연 상태로 회복되므로 토양 중에 제초제 축적을 염려하지 않아도 된다.

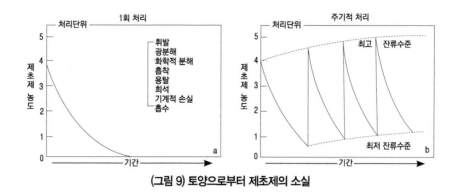

(그림 9) 토양으로부터 제초제의 소실

(표 17)는 온대 지방의 토양에 처리한 제초제의 잔효 또는 잔류 기간을 나타낸 것으로 2, 4-D, MCPA 등은 잔류 기간이 아주 짧다. 대부분의 제초제가 1개월 이하 또는 1~3개월, 3~12개월 동안 잔류한다. 제초제의 잔효 기간은 잡초가 효율적으로 방제되는 조건하에서는 가급적 짧은 것이 작물별로 환경 보존 측면에서 바람직하다. 대체로 일년생 논·밭작물의 경우, 작물이 초관(草冠, Canopy)을 형성하는 시기까지만 잡초를 방제할 수 있도록 잔효하면 충분하다.

(표 17) 온대 지방의 습하고 비옥한 토양에 처리한 제초제의 잔류성

1개월 이하 (일시적 효과)	1~3개월 (초기 방제)	3~12개월 (전 작기 방제)	12개월 이상 (식생 전체 방제)
Bentazon	Dithiopyr	Alachlor	Imazapyr
2,4-D	Haloxyfop	Clomazone	Picloram
Glufosinate	Linuron	Dicamba	
Glyphosate	Metolachlor	Ethalfuralin	
Fenoxaprop	Nicosulfuron	Napropamid	
MCPA	Prometryn	Oxadizone	
Propanil	Quizalofop	Pendimethalin	
Sethoxydim	Rimsulfuron	Simazine	

03

제초제 사용에 따른 부작용(약해)

가. 제초제 약해(藥害)란?

작물보호제(농약)는 병원균, 해충, 미생물, 잡초 등에 활성을 나타내는 물질이지만 작물에 대해 다소 활성을 보일 경우가 있는데, 제초제를 뿌린 결과 작물의 형태, 기능, 수량 품질 등에 나쁜 영향을 주는 것을 약해라 한다.

대부분의 작물은 일시적인 약해가 발생하였더라도 곧 회복되어 수량에 영향이 없으며, 때로는 수량이 증가도 가져 올 수 있다. 그러나 엽채류의 경우는 그 증상이 생육 초기에 발생되었다면 품질 저하로 큰 피해를 받았다고 말할 수 있다. 그러므로 제초제의 약해는 최종 수확물에 따라 평가하는 것이 원칙이라고 할 수 있으나 작물의 재배 목적에 따라서 다르게 평가되기도 한다.

(표 18) 약해 발현 조건

요인	제초제 약해 발현조건
농약	농약 종류 : 동제, 유기유황제, 유기인제 등 제형 : 유제, 입제, 훈연제 등 처리부위 : 토양처리, 경엽 처리 등 처리량 : 농도, 살포량 등 전착제 : 가용, 무가용 등
작물	작물 종류 : 과별, 작물별, 품종별 등 생육단계 : 유식물, 성식물, 유엽, 성엽 등 재배형태 : 노지 재배, 시설 재배, 멀칭 재배 등 시비 : 시비량, 시비 시기 등
환경	토양 : 토성, 수분, 경토 깊이 등 기상 : 온도, 습도, 일조, 강우 등

나. 환경과 약해

제초제의 선택성은 작물과 잡초와의 미세한 생리적 차이를 이용한 것이기 때문에 약해가 발생할 가능성이 다른 농약에 비하여 매우 높다. 그러므로 제초제 사용 미숙뿐만 아니라 불량 환경 조건은 약해 유발 원인이 될 수 있다. 특히 제초제의 약해 발생이 우려되는 불량 환경은 ① 기상적 요인으로 이상 고온, 이상 저온, 온도의 급격한 일교차와 변화, 강우, 바람 등이 있으며, ② 토양적 요인으로 토성(土性), 지형, 점토광물의 특성, pH, CEC, 토양 수분 등이 있다. 국내에서 사용되고 있는 논밭 제초제에는 토양 조건, 온도, 강우 등에 대해 고루 주의를 표기하고 있으나 공통적으로 토양 조건에 대한 주의가 가장 많다.

(1) 토양 조건에 의한 약해

토양처리형 제초제의 토양 내에서 행동은 약효와 약해에 직접적인 영향을 미치는데 점토 입자 및 유기물에의 흡착 정도와 흡착되지 않은 제초제 분자들의 토양 중

이동성이 결정적 요인이 된다.

논·밭 토양의 무기양분 및 제초제의 흡착성은 점토함량, 점토광물의 특성 및 유기물 함량에 의해 지배되는데 점토의 양이온 흡착성을 나타내는 CEC는 15 m.e./100g, 유기물 함량은 3.5% 이상 되어야 하나, 우리나라 논토양의 CEC는 10~12 m.e./100g, 유기물 함량은 2.5% 수준으로 낮아서 약해가 발생할 가능성이 높다. 밭은 사양토가 21% 양질 사토가 0.3%, 미사질 양토가 31.5%, 미사질 식양토 4.0%로 밭 면적의 56.8%가 토성 면에서 제초제 약해 발생에 취약하기 때문에 제초제 사용시 낮은 약량으로 높은 살초 효과를 보일 수도 있으나 작물의 안전성에 유의하여야 한다.

논에서 일반적으로 모래 함량이 많을수록 약해가 우려되고 약효가 떨어지기 쉽지만 여기에 물 빠짐이 심한 경우 그 정도는 크게 증가된다. 우리나라 논토양의 물 빠짐을 조사한 성적에 의하면 1일에 물 빠짐이 2~3cm 이상인 사질 논은 전체 논 면적의 50.2%나 되고, 밭의 경우 역시 대부분 물 빠짐이 심한 밭이다.

(2) 이상 기온에 의한 약해

온도 환경은 제초제 분자들이 토양에 흡착 이동하여 식물체(잡초)에 흡수된 다음 식물체 내에서 살초 작용을 하거나 무독화되는 모든 과정에 영향을 미친다. 토양 처리제의 경우 온도가 높아지면 제초제의 용해도는 증가하나 토양 입자에 흡착은 감소하고 제초제의 이동성이 커져 식물체에 많이 흡수된다. 그러므로 살초 효과가 증대되지만 동시에 작물에 대한 약해 유발성도 높아지게 되며, 경엽 처리제의 경우에도 온도가 높아지면 식물체의 제초제 흡수 속도가 빨라지고 흡수량이 증가하여 약해 유발이 커진다.

그리고 저온 조건에서도 종종 약해를 유발하는데 저온 조건에 제초제를 처리한 경우 제초제의 활성도는 낮지만 작물체가 무독화하는 능력이 떨어져 약해가 발생한다. 특히 저온이었다가 고온으로 변할 때 제초제 흡수가 현저히 증가하고 이미 저온이었을 때 제초제와 합류되면 작물체가 무독화하는 속도를 초과해 약해를 유발하는데 페녹시(Phenoxy)계 및 호르몬(Hormone)형 제초제는 저온 시 약해를 유발하기 쉽다.

다. 재배적 특성과 약해

어린모 기계이앙논과 벼 직파재배 논에서는 벼가 물속에 잠기는 비율이 커 약제의 흡수 부위가 많아지고, 손 이앙에 비하여 얕게 심어져 벼 뿌리가 약제 처리층 내에 있게 되므로 약제 흡수 기회가 많아지게 된다. 또한 논바닥이 고르지 않을 경우 모의 키가 작기 때문에 물에 잠기기 쉬워 동화 작용이나 호흡 작용의 장해를 받으며 제초제에 견디는 힘도 약하여 약해를 받기 쉽다. 최근에는 비닐 피복 재배가 보편화되어 있는데, 비닐 피복으로 재배할 경우 지온은 높아지고 토양 수분은 적습으로 유지된다. 이러한 조건에서 제초제를 처리하지 않을 경우에는 잡초 발생 수는 증가하지만 이랑을 균일하게 정지하고 흙을 잘 부수어 비닐을 지면에 밀착시켜 피복을 하였을 때에는 잡초가 고온 장해를 받아 억제되고, 반대로 이랑에 흙덩어리가 커서 비닐에 공간이 많이 생겼을 때는 잡초가 비닐을 밀고 올라와 잡초가 오히려 무성하게 자란다. 또 제초제를 처리하였을 때 제초제의 잔효 기간이 걸어져 약효는 증진될 수 있으나 반대로 약해는 많아질 우려가 있다.

라. 논 제초제의 약해 발생 요인

제초제의 약해가 어떤 요인에 의해서 발생하는가 하는 문제를 밝히는 것은 제초제의 유효 적절한 사용을 위하여 대단히 중요하다. 일반적으로 기계 이앙벼에서 약해를 일으키는 요인은 크게 나누어 ① 토양 조건, ② 물 관리 조건, ③ 모의 소질과 재배 관리 조건, ④ 제초제 사용방법, ⑤ 기상 조건의 다섯 가지로 크게 분류할 수 있다(그림 10).

그러나 약해가 발생한 경우를 보면 한 가지 요인에 의한 약해보다는 2가지 이상의 요인이 작용하여 복합적으로 나타나는 경우가 많다. 따라서 어느 지역에 약해 발생 문제가 일어났을 때에도 그 원인에 대한 정확한 해석이 어려운 점도 여기에 있다. 동일한 지역에서 동일한 제초제를 같은 날에 동일한 품종으로 기계 이앙을 한 경우에도 그중 한 포장에서, 또 한 필지의 논에서도 지점에 따라 약해의 정도가 다르게 나타나는 수가 있다. 이것은 토양이 다를 수도 있고, 물 관리가 달랐을 수도 있고, 모의 소질이 달랐을 수도 있고, 불균일한 정지 작업, 불균일한 뿌리기 등 여러 가지로 다른 경우가 있기 때문에 약해에 대한 해석은 쉽지가 않다.

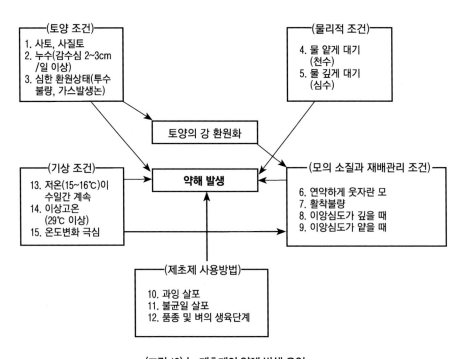

(그림 10) 논 제초제의 약해 발생 요인

기계이앙벼에는 제초제 약해를 일으키기 쉬운 요인이 많지만, 일반적인 약해발생 요인과 원인에 대하여 대략적으로 정리하면 (표 19)와 같다.

(표 19) 논 제초제 약해 발생 요인과 원인

약해 발생 요인	약해 발생 원인
이상 고온	벼의 증산량 증가 → 수분 흡수 촉진 → 약제 흡수량 증가
이상 저온	효소 활성 저하 → 호르몬형 약제 살포로 호흡의 이상 증진 및 이상 세포 분열 → 생장 에너지 소모, 기형 발생
기계 이앙	천식(1.5~2.5cm), 이앙 시 뿌리 절단, 엽령이 낮고 초장이 짧음 → 벼 뿌리가 처리층 부근에 분포하여 약제 흡수량 증가
정지 불균일	지면 노출 → 뿌리권에 약제 성분 집중, 지온 상승, 증산량 증가 → 약제 흡수량 증가

약해 발생 요인	약해 발생 원인
사질 토양	토양 입자의 표면적이 적음 → 토양 흡착량이 적음 → 약제 흡수량 증가
누수 토양	약제 밑으로 수직 이동 → 약제 흡수량 증가
척박 토양	토양 흡착력이 적음 → 약제 흡수량 증가
깊게 물대기	약제 접촉 부위 증가, 광합성 및 호흡 작용의 저하 → 경엽 흡수량 증가
얕게 물대기	약제 농도가 높아짐, 증산량 증가 → 약제 흡수량 증가
활착 불량	새로운 뿌리의 하층 발달이 늦음 → 뿌리가 표토 부근에 있음 → 약제 흡수 기간의 연장

마. 밭 제초제의 약해 발생 요인

밭 제초제에 의해 밭작물에 약해를 일으키는 요인은 논 제초제에 비하여 비교적 단순하다. 대체로 밭작물에서 약해를 일으키는 요인은 ① 기상 조건, ② 토양 조건, ③ 재배 관리 조건, ④ 제초제 사용 방법의 4가지로 구분할 수 있으나 밭작물에서 발생하는 약해는 제초제 사용 방법의 미숙으로부터 기인된 것이 많다(그림 11).

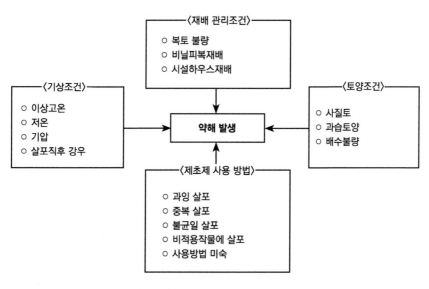

(그림 11) 밭 제초제의 약해 발생 요인

바. 약해 증상과 발현

제초제를 살포했을 때 작물에 나타나는 약해는 눈에 보이는 증상에 의하여 판단되므로 그 증상을 작물의 부위별로 나누어 관찰하려고 노력하면 약해를 일으킨 약제의 종류, 생육 및 수량에 미치는 영향, 회복되는 시기 등을 예상하는 데 도움이 된다(표 20).

(표 20) 약해 증상의 종류

발현 부위	약해 증상
작물 전체	발아 지연(Late emergence), 결주(Loss of stand), 기형(Malformation), 발육 장해(Stunting), 주개장(株開張, Spreading of tillers), 생육 불균일(Erratic stand)
잎	잎 굴곡(Bending of leaf blade), 축엽(Crinking), 잎 커핑(Cupping of leaves), 잎 처짐(Dropping leaf), 약반(Flecks), 엽소(Leaf burn), 권엽(Leaf rolling), 낙엽(Defoliation), 반점(Spot), 통상엽(Tubular leaf), 갈변(Browning), 황화(Chlorosis), 엽연 황화(Marginal chlorosis), 괴사(Necrosis)
줄기	만곡(Curvature), 하배축비대(Hypocotyl swelling)
뿌리	발근 저해(Root pruning), 봉상근(Stubby root), 혹뿌리(Tumorous root)
이삭	불출수(Unshooting of head), 기형수(Ear malformation)

약해가 발현되는 부위는 잎, 줄기, 뿌리뿐만 아니라 이삭이나 작물전체에서도 나타나므로 세밀한 관찰이 필요하다. 잡초발생전 토양처리제를 살포하였을 때 작물전체에 나타나는 약해증상으로는 발아지연, 발아율 저하, 결주 등이 있다. 이러한 증상은 거의 모든 토양처리형 제초제에 의해서 일어날 가능성이 있다. 그 외 작물전체에 나타나는 증상으로서 기형이나 주개장(株開張)의 증상은 거의 호르몬형의 제초제에 의해서 나타나고, 발육저해나 생육 불균일의 증상은 아마이드계, 디니트로아니린계 제초제 처리에 의해서 흔히 나타나는 약해증상이다.

제초제를 살포한 후 이에 나타나는 증상에는 여러 가지가 있다. 그 중에서 통상엽(筒狀葉)은 주로 페녹시계 제초제 처리에 의해서 벼에 옥신작용을 교란함으로써 나타나기 쉽고, 황화현상은 주로 광압성 억제형 제초제에 의해서, 갈변증상은 주로 광(光) 요구성 유독작용을 일으키는 디페닐에테르계 제초제를 벼에 처리했을 때 엽초(葉鞘)에 나타나는 접촉형 증상이며, 괴사(壞死) 증상은 제초제를 고농도로 처리했을 때 또는 비선택성 제초제가 인접작물에 날아가 부착되었을 때 나타나고, 잎 퇴색이나 잎이 처지는 증상은 벤타존이나 아마이드계 제초제에 의해서 벼에 나타나기 쉬운 증상이다.

줄기, 뿌리 및 이삭에 나타나는 약해증상으로서 줄기가 꼬이는 증상은 호르몬형 제초제에 의해서, 곤봉모양의 약해증상은 디니트로아닐린계 제초제 처리에 의해서 일어나는 전형적인 증상이고, 뿌리의 발생이나 생장을 방해하는 증상은 거의 아마이드계, 디니트로아니린계 제초제 처리에 의해서, 기형(畸形)이삭은 옥신작용을 어지럽히는 제초제 처리에 의해서 나타나는 증상이다.

그러나 줄기잎에 나타나는 약해증상은 (그림 12)에서와 같이 초기에 황백화현상 (chlorosis)이 나타났다 하더라도 약해가 진전되어 괴사된 후 점차 생육이 억제되거나 시간이 지남에 따라 말라죽게 될 수 있으며, 초기에 가벼운 초장 억제 또는 기형현상도 생육억제증상으로 나타나고 결국 고사로까지 진행될 수도 있다. 따라서 약해증상은 계속 진행되기 때문에 조사시기에 따라 크게 달라질 수도 있다. 제초제에 들어있는 유효성분에 따라서 약해증상은 물론 액해가 나타나는 시기와 정도가 다르고, 회복되는 시기도 다르다. 또 혼합제에 있어서는 약해증상이 복합적으로 나타날 뿐만 아니라 같은 약제일지라도 작물, 품종, 생육시기, 재배양식 등에 따라 그 증상이 크게 다를 수도 있기 때문에 약제별로 외관상 증상을 명확히 구분할 수 있도록 표현한다는 것은 어려운 일이다.

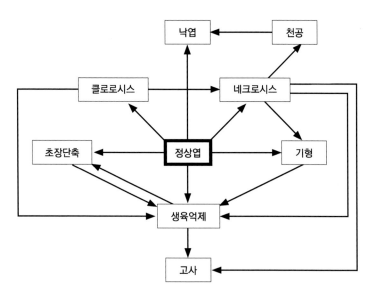

(그림 12) 경엽에 나타나는 약해 증상과 진행 방향

품질을 중요시하는 채소류 등을 제외하고 약해라고 하는 것은 작물에 얼마만큼 영향을 주었으며, 궁극적으로는 수량에 얼마만큼의 영향을 주느냐를 의미하기 때문에 외관상의 약해증상보다도 수량에 관련성이 높은 생육억제나 회복시기 등이 더 중요하다고 본다. 때로는 급성형이면서 접촉형으로 나타나는 증상보다도 외관상 쉽게 발견이 어려운 생육억제형으로 나타나는 증상을 가볍게 보는 수가 있으므로 약해를 보는 관점은 제초제 사용기술면에서 대단히 중요하다.

04
제초제 저항성 잡초

가. 제초제 저항성 잡초란

제초제 저항성 잡초는 제초제를 잡초군락 내에 정상적으로 살포하였으나 그동안 효과적으로 방제되었던 잡초가 생존하여 종자가 맺히고 후대까지 이러한 능력이 계속 유전되는 잡초를 말한다.

저항성 잡초는 오랫동안 같은 계통의 제초제를 계속 사용했기 때문에 생긴 것이다. 본래 제초제가 식물체에 흡수되면 체내 생리 작용에 관여하는 효소와 결합을 함으로써 생리 작용이 방해되어 식물이 죽는다. 그런데 같은 계통의 제초제를 계속 사용하면, 관련 효소의 결합 부위에 변화가 일어나 제초제와 결합이 안 되고 본래의 물질과 결합하게 됨으로써 식물이 정상적으로 생장하게 되어 저항성이 되는 것이다. 이들 제초제 저항성 잡초는 약효 지속성과 선택성이 탁월한 설포닐우레아계 제초제들을 벼농사에 장기적으로 계속 사용하면서 확산되기 시작하였다.

나. 해외 저항성 잡초 발생 현황

2018년 6월 현재 제초제 저항성잡초는 전세계적으로 70개 국가에서 발생되고 있다. 발생국가 현황을 보면, 미국(161종), 호주(90종), 캐나다(68종), 프랑스(50종),

브라질(48종), 중국(44종), 일본(36종) 등이다. 제초제 저항성을 유도하는 제초제는 23계통이고, 저항성잡초는 494종으로 단자엽 256종, 쌍자엽 238종이다(표 21). 이런 결과에서 어떤 제초제든지 연속 사용하게 되면, 지역이나 잡초에 관계없이 결국은 저항성이 나타날 수 있다는 것을 의미한다. 중국과 일본의 제초제 저항성잡초 발생현황에서 알 수 있듯이 우리나라에도 더 많은 제초제 저항성잡초가 발생될 가능성이 있다는 것을 암시하고 있다.

(표 21) 세계 저항성잡초 발생현황 (2018년 6월 현재)

발생 국가	유발 제초제	저항성 잡초
70개국	23계통 (ALS inhibitors, ACCase Inhibitors, Triazine, Urea/Amide, Bypiridilium, Glycines, Dinitroaniline, Synthetic Auxin 등)	· 단자엽 : 256종 · 쌍자엽 : 238종 · 계 : 494종

다. 국내 저항성 잡초 발생 현황

우리나라는 충남 서산 간척지에서 당시 사용되던 피라조설퓨론에틸 · 모리네이트 입제에 대해 물옥잠이 방제되지 않는 것을 1998년에 확인된 이후에 물달개비, 알방동사니, 올챙이고랭이 등의 초종이 다양해졌다. 그 후 2010년에는 전북 김제에서 피 방제용 제초제인 사이할로포프뷰틸유제에 저항성을 나타내는 논피(강피)가 출현하였다. 현재까지 학계에 정식적으로 보고된 제초제 저항성 논잡초는 14종이고, 밭잡초는 1종으로 망초이다. 제초제 저항성 논잡초 14종의 현황과 특성은 표 22와 같다.

이들 제초제 저항성 논잡초의 발생면적은 1998년에는 충남 서산 간척지만 국한되다가 2008년 조사에서는 106,951ha로 발생이 확대되었다. 그 후 2012년에는 176,870ha이었으나 2017년에는 487,967ha로 증가되었다(표 23). 이 면적은 전국 벼 재배면적(유기 및 친환경농업 벼 재배면적 제외)의 58.4%에 해당되는 것이다. 발생면적을 보면, 전남 95,985ha 〉 전북 83,439ha 〉 충남 74,762ha 〉 경남 66,413ha 순이었다(그림 13). 주요 제초제 저항성 논잡초 4종은 물달개비, 피속류(논피, 돌피), 올챙이고랭이, 미국외풀로 5년전(2012년)과 비교에서 발생면적이 대폭 증가됨을 확인할 수 있다(표 24).

(표 22) 제초제 저항성 논잡초의 현황과 특성

잡초명	사진	잡초명	사진
물옥잠 (일년생잡초, 1998년 확인)		새섬매자기 (다년생잡초, 2004년 확인)	
물달개비 (일년생잡초, 1999년 확인)		올챙이자리 (일년생잡초, 2006년 확인)	
미국외풀 (일년생잡초, 2000년 확인)		쇠털골 (일년생잡초, 2007년 확인)	
마디꽃 (일년생잡초, 2000년 확인)		돌피(물피) (일년생잡초, 2008년 확인)	
올챙이고랭이 (다년생잡초, 2000년 확인)		논피(강피) (일년생잡초, 2009년 확인)	
알방동사니 (일년생잡초, 2001년 확인)		여뀌바늘 (일년생잡초, 2013년 확인)	
올미 (다년생잡초, 2004년 확인)		벗풀 (다년생잡초, 2013년 확인)	

(표 23) 전국 제초제 저항성 논잡초 발생 현황(2017년)

도	저항성잡초 발생 추정면적(ha)	도	저항성잡초 발생 추정면적(ha)
경기도	65,153	전라북도	83,439
강원도	22,896	전라남도	95,985
충청북도	28,226	경상북도	51,093
충청남도	74,762	경상남도	66,413
합 계	487,967(전체 논면적의 58.4%)		

* 유기농 벼 재배면적 제외

(표 24) 주요 제초제 저항성 논잡초 4종 발생 현황 비교

잡초명	제초제 저항성 논잡초 발생 추정 면적(ha)	
	2012년	2017년
물달개비	57,018 (32.2%)	298,429 (61.2%) [1]
피속류(논피, 돌피)	13,581 (7.7%)	170,245 (34.9%)
올챙이고랭이	33,803 (19.1%)	121,479 (24.9%)
미국외풀	11,301 (6.4%)	107,153 (22.0%)
알방동사니외 8종	25,962 (5.3%)	62,342 (12.8%)

[1] 전체 추정면적에 대한 비율. 조사지점에서 중복하여 발생한 경우도 포함

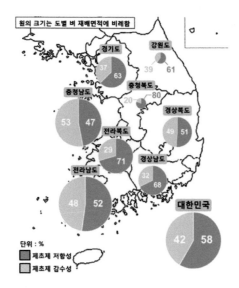

(그림 13) 도별 제초제 저항성 논잡초 발생현황

라. 저항성잡초 발생기작

저항성(Resistance)이란 특정 제초제에 대하여 이전까지 감수성(Susceptibility)이던 잡초가 해당 제초제(유효 성분)를 반복 사용하면서 유전적 변이를 일으켜 생리적으로 달라지는 성질을 의미한다. 따라서 특정 제초제에 대한 본래 가지고 있는 견딤 능력을 의미하는 내성(Tolerance)과는 다르다. 흔히 말하는 ALS 저해제란 효소 ALS (Acetolactate synthase)에 작용하여 아미노산 합성을 저해하는 제초제 그룹이고, ACCase 저해제란 효소 ACCase(Acetyl CoA carboxylase)에 작용하여 지질 합성을 저해하는 그룹이다.

식물은 모든 물질 생산 과정마다 특정 효소가 반드시 촉매 작용을 해야 진행된다. 대사 작용에서 촉매는 필수적이다. 각각의 제초제는 특정 효소에 작용해서 특정 물질의 생산을 방해하는데, 이 특정 효소를 제초제 작용점이라고 한다. 만일 작용점이 되는 특정 효소가 변이를 해버리면 작용점이 하나인 제초제는 더 이상 작용할 수 없게 된다.

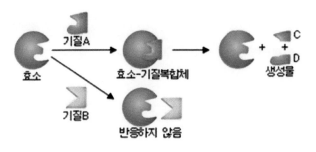

(그림 14) 효소의 기질 특이성

제초제를 연속 사용함으로써 효소가 변이되는 과정은 ① 본래 효소(Enzyme)가 정상 기능을 해서 생성물(Product)을 생산하고 있는데, ② 제초제가 효소에 작용하여 생성물 생산을 방해하는 것이 일반적이다. 그러나 제초제의 연속 사용으로 ③ 효소가 돌연변이를 일으켜 제초제가 작용을 해도 생성물 생산이 가능해지는 순서이다. 이때 효소가 변이되는 것은 유전자가 돌연변이를 하기 때문이다.

작용점이 같은 제초제를 연속 사용할 경우, 작용점이 되는 해당 효소가 같은 제초제에 반응하고 견디어내는 과정에서 먼저 유전자에 돌연변이가 일어나게 된다. 제초제 사용과 잡초의 반응 과정이 계속되면 결국 그 환경에서 생존하는 새로운 개체가 나오게 되고, 그 후에도 지속적으로 강한 선발압이 주어지면, 결국에는 동일 유전자형을 갖는 개체군으로 분화된다(그림 14). 이 개체군은 생태형(Ecotypes)과는 달리 모종과 형태적 차이는 없으나, 해당 제초제에 대한 생리적 반응이 모종의 반응과 다르기 때문에 저항성 생물형이라고 한다. 이 개체군을 초종(Species)으로 말할 때에는 저항성 잡초(Resistant weeds)라고 한다.

논피(강피)와 물피처럼, 한 초종에 2개 이상의 제초제로 인한 저항성 생물형이 출현했을 경우, 그 초종은 복합 저항성(Multiple resistance)을 갖고 있다고 하고, 그 잡초를 복합 저항성 잡초(Multiple resistant weeds)라고 한다. 이러한 상황은 어떤 잡초든지 또 언제든지 일어날 수 있다.

마. 제초제 저항성 논잡초 종합방제

제초제 저항성잡초를 효율적으로 관리하기 위해서는 1) 같은 계통의 연용을 피하고 다른 계통의 제초제를 사용해야 하고, 2) 다른 계통의 경엽처리제를 살포하여 종자생산이나 괴경형성을 못하게 해야 하고, 3) 땅속에 묻혀있는 저항성 잡초의 종자로부터 나오는 잡초가 근절될 때까지 철저히 방제해야 한다.

제초제 저항성 논잡초는 적용 제초제를 체계처리하면 손쉽게 방제된다. 체계처리라는 것은 제초제를 한번만 살포하는 것이 아니고 두 번이상 처리하는 것을 말한다. 즉 첫번째는 필수적으로 모내기 전(써레질할 때) 이앙전 처리제 살포하고, 1차 처리 후 잡초 발생상황에 따라 2차(모낸 후 10~15일)로 선택적으로 제초제를 처리한다(표 25).

● 모내기 전
먼저 써레질할 때(모내기 3~5일전)에 저항성잡초인 물달개비, 올챙이고랭이에 효과적인 벤조비사이클론, 브로모뷰타이드, 클로마존 성분 이나 저항성 피 발생 초기에 효과적인 옥사디아존, 티오벤카브, 펜트라자마이드, 펜톡사존, 프레틸라클로르, 뷰타클로르 성분 등이 함유된 제초제를 뿌려준다.

● 모내기 후

이어 모내기 후 10~15일쯤 다시 물달개비와 올챙이고랭이뿐만 아니라 피 중기방제에 효과적인 메페나셋, 벤조비사이클론, 브로모뷰타이드, 펜트라자마이드 등이 혼합된 제초제를 한차례 더 뿌려준다.

이때, 제초제 살포 후 물을 3~5㎝ 깊이로 최소한 5일 이상 유지하는 것이 중요하다. 또 품종간에 따라 약해가 나타날 수 있으므로 다수계 또는 유색미 벼품종을 심고 제초제를 뿌릴 때에는 농업기술센터, 농약판매상에 문의하거나 제초제 포장지를 꼭 확인하여야 한다.

(표 25) 제초제 저항성 논잡초 방제를 위한 처리시기별 적용 제초제

처리시기		대상 제초성분 및 제초제명
필수	모내기 전 (써레질할 때)	벤조비사이클론, 뷰타클로르, 옥사디아존, 옥사디아길, 펜트라자마이드, 프레틸라클로르, 펜톡사존 등의 성분이 함유된 이앙전 처리제 (나지마, 마세트300, 론스타, 톱스타, 피쓰리 등 25종)*
선택 (1~2회)	초기 (이앙 후 5~7일)	메페나셋, 벤조비사이클론, 브로모뷰타이드, 뷰타클로르, 티오벤카브, 펜트라자마이드 등의 성분이 함유된 제초제 (만냥, 온동네, 롱제로, 불사조, 마세트, 사단 등 16종)
	초·중기 (이앙 후 10~12일, 이앙 후 15일)	메소트리온, 메타조설퓨론, 메페나셋, 벤조비사이클론, 벤퓨러세이트, 브로모뷰타이드, 아짐설퓨론, 옥사지크로메폰, 인다노판, 카펜스트롤, 카펜트라존에틸, 펜트라자마이드 등의 성분이 함유된 제초제 (하늘천, 다맨논, 막강탄, 손안대, 대명사, 한손 등 167종)
	후기 경엽처리제 (이앙 후 25~30일)	메타조설퓨론, 벤타존 등의 성분이 함유된 제초제 (일등공신, 이티스타, 정일품, 승전보, 갑부촌 등 14종)

* 적용 제초제는 2017년 작물보호제 지침서를 참고하였음

chapter 3

주요 잡초의 생리 · 생태 및 방제

01
논 잡초

가. 일년생 잡초

(1) 피속류[강피(논피), 물피, 돌피]

(가) 생리 · 생태

농경지에 자라는 피라고 하면 대체로 논피(강피)(*Echinochloa oryzicola*), 물피(*E. crus-galli var. echinata*), 돌피(*E. crus-galli*)를 가리킨다. 그러나 논에서는 대체로 논피(강피)와 물피를 가리키고, 밭에서는 돌피를 가리킨다. 종에 따라 서식처가 다르기 때문이다.

피는 화본과(벼과) 일년생잡초이다. 논피(강피)는 벼와 아주 비슷하여 출수하기 전에는 벼와 구별하기가 쉽지 않다. 벼에는 엽신(葉身, 잎몸) 맨 아래 부분, 즉 엽초(葉鞘, 잎집) 위쪽에 엽설(葉舌, 잎혀)과 엽이(葉耳, 잎귀)가 있으나, 피에는 없다. 엽설과 엽이는 빗물이 엽초 속으로 들어가지 못하게 하는 기능이 있다.

논피(강피)는 논에 써레질이 끝나면 일제히 발아하기 시작해서 약 1주일이 되면 1엽기가 된다. 새잎은 대개 5~6일마다 나오고, 약 5엽기가 되면 분얼을 시작한다. 벼에 비해 늦게 출수하지만, 벼 수확 전에 결실해서 종자가 땅에 떨어진다. 논피(강피)는 초형이 직립하며, 생육, 생장속도, 출수기 등이 벼와 비슷하고, 이삭에 있는 까락은 거의 없거나 짧다.

물피는 근래에 들어 논에서 많아지고 있다. 담수상태보다 포화수분 정도의 젖은 토양에서 잘 발생하고 생장이 왕성하여 물빠짐이 심한 논에서 많이 발생되며, 초기 생육이 빠른 편이다. 분얼을 시작하면 개장형이 되므로 곧게 자라는 강피와 쉽게 구별되고, 초세가 크고, 분얼이 많고, 이삭에 까락이 많은 것도 강피와 구별되는 점이다.

물피는 하천이나 수로 등에 자라면서 종자들이 논으로 많이 들어온다. 그러나 사실 물피는 제초제에 약하다. 강피에 비해 종자 크기가 작고, 종자 생산량이 많고, 저온에서도 잘 발아하고, 또 발아도 균일하기 때문에 논으로 들어오거나 확산에는 유리하다. 그러나 발아의 균일성이 오히려 제초제에 약하게 한다. 장기적으로 적응에 결코 유리하지는 않다는 점이다.

논에는 거의 발생하지 않는 돌피는 습하거나 건조한 밭 조건에서 서식하는 일년생잡초이다. 돌피의 초기생육은 물피와 매우 비슷해서 분얼경이 개장형이다. 출수는 물피와 비슷하며 이삭에는 까락이 없다. 4~7월에 걸쳐 발생하며, 저온 (10~20℃)에서도 출아하기 시작하여 강피와 물피에 비해 출아가 빠른 편이다.

피 종류별로 발생 생태를 보면 저온(10~20℃)에서 출아하는데 돌피는 4.1일, 물피는 4.3일, 논피(강피)는 5.1일 걸려 대체로 돌피가 가장 빠르고 논피(강피)가 가장 늦으며, 고온에서는 모두 2일 정도 걸린다(표 26).

논피(강피), 물피, 돌피 모두 흙살깊이가 1㎝에 물깊이가 2㎝만 되어도 출아가 극히 저조하며, 특히 물피는 흙살과 물깊이가 각각 1㎝씩만 유지 되어도 출아되지 않아 피는 물관리만 잘 하여도 발생이 현저히 적어진다(표 27).

(표 26) 온도 조건별 피의 발아율(%) 및 평균 발아 일수 (일)

피의 종류	10℃/20℃		15℃/25℃		20℃/30℃		25℃/35℃		30℃/40℃	
	%	일	%	일	%	일	%	일	%	일
강피 (논피)	60	5.1	73	3.9	63	2.5	68	2.2	59	2.0
물피	97	4.3	96	3.6	99	2.4	99	2.1	99	2.0
돌피	97	4.1	97	3.4	97	2.1	97	2.0	96	2.0

(표 27) 파종 깊이와 물갈이에 따른 피의 출아율 (%)

피의종류	수심/토심	0cm	1cm	2cm
논피(강피)	0cm	87	60	43
	1cm	17	7	0
	2cm	10	3	0
물피	0cm	90	87	87
	1cm	13	3	0
	2cm	0	0	0
돌피	0cm	50	37	40
	1cm	23	0	0
	2cm	0	0	0

(나) 방제

피를 방제하기 위해서는 토양처리제 또는 경엽처리제를 살포한다. 토양처리제로서는 ① 써레질~이앙전 피 발생전에 처리하는 이앙전 처리제, ② 이앙후 5일경 피 1엽기에 처리하는 초기 처리제, ③ 이앙후 10일경 피 2엽기에 처리하는 초·중기 처리제, ④ 이앙후 12~15일경 피3엽기에 처리하는 중기 처리제가 있다. 또 경엽처리제로서는 이앙후 25일경 피 4~5엽기에 처리하는 중후기 경엽처리제가 있다.

피 방제용 제초제도 논에 피만 발생하는 것이 아니기 때문에 주요 잡초가 무엇이며, 얼마나 발생하느냐에 따라 제초제 선택이 달라지고, 체계처리 방법도 달라진다. 피도 다른 잡초와 마찬가지로 일단 토양처리제로 방제하는 것이 효율적이다. 그러나 시기를 놓쳤거나, 선택이 잘 못되어 피가 많이 남아있을 경우에는 피 방제용 경엽처리제를 살포하게 된다.

일부 논에는 제초제 저항성 논피(강피)와 물피가 많이 발생하고 있다. 지금까지 저항성 피를 유발한 제초제에는 2그룹이 있다. 하나는 지방산 합성 효소인 ACC(Acetyl-CoA carboxylase)에 작용하는 지질합성 저해제이고, 또 하나는 지방족 아미노산 합성 효소인 ALS(acetolactate synthase)에 작용하는 아미노산 합성 저해제이다. ACC에 작용하는 제초제는 cyhalofop-butyl, fenoxaprop-p-ethyl, fluazifop-p-butyl, haloxyfop-R-methyl, metamifop 등이고, ALS에 작용하는 제초제에는 sulfonylurea계통인 azimsulfuron, bensulfuron-methyl, flazasulfuron, metazosulfuron, pyrazosulfuron-ethyl 등이 있다.

효소 ACC 또는 ALS에 작용하는 제초제를 연용해서 생겼거나, 종자가 유입되어 저항성 피가 발생한 논에는 저항성을 유발했던 같은 계통의 제초제는 단제이든 합제이든 사용하지 않아야 한다. 그러면서, 강도 높은 체계처리 계획을 세워 저항성 피가 근절될 때까지 수년간 이행해야 한다. 그 수단에는 ① 이앙전 처리제 fb 초·중기 처리제, ② 이앙전 처리제 fb 중기 처리제, ③ 초기처리제 fb 중·후기 경엽처리제 사용 등이 있다. ※ fb(follow by, 순차처리)

저항성 피가 발생하는 논의 이앙전처리제로는 프레틸라클로르·피라클로닐유현탁제(피쓰리), 브로모뷰타이드·옥사디아존유제(트랙스타), 옥사디아길유제(톱스타), 옥사디아존유제(론스타 등), 펜톡사존액상수화제(미리매), 펜톡사존유제(초사리), 펜트라자마이드유제(써레매), 펜트라자마이드·옥사디아존유제(안나지) 등이 있다. 이앙동시 처리제로 메타조설퓨론·프레틸라클로르입제(마타동) 등이 있다. 이앙후 10일경에 처리하는 초·중기 처리제로는, 메페나셋·피라조설퓨론에틸입제(만냥, 일꾼), 메페나셋·피리미설판수면부상성입제(막강탄), 벤조비사이클론·메페나셋·페녹슐람액상수화제(풀천왕) 등이 있다. 이앙후 15일경에 처리하는 중기 처리제로는, 벤조비사이클론·펜트라자마이드·페녹슐람액상수화제(천하태평), 메페나셋·피리미설판액상수화제(풀아웃), 메페나셋·페녹슐람액상수화제(알부자), 펜트라자마이드·피라미설판(수문장), 벤조비사이클론·플루세토설퓨론직접살포정제(황금볼점보) 등이 있다. 이앙후 30일(피 4~5엽기 이내)경에 처리하는 후기 경엽처리제로 플로르프록시펜벤질유제(로얀트) 등이 있다.

(2) 가막사리류

(가) 생리·생태

가막사리류에는 가막사리(*Bidens tripartita*)와 미국가막사리(*B. frondosa*)가 있다. 그러나 가막사리라고 하면 거의 미국가막사리를 연상될 정도로 분포나 피해로 보아 가막사리를 앞서고 있다. 가막사리는 일년생 잡초임에도 불구하고, 설포닐우레아계 제초제에 내성을 보여 점차 증가하고 있다. 주로 논, 습지, 휴경답 등에 발생하지만, 직파 재배 논에서 더 문제되고 있다. 미국가막사리는 논뿐만 아니라 빈터, 도로변, 논둑, 밭둑 등 서식지가 다양하다. 가막사리류는 빛이 없어도 발아할 수 있으나 담수 조건에서는 발아하지 못한다. 이 특성 때문에 물 관리는 발생량과 발생 시기에 크게 영향을 미친다.

가막사리류 종자는 물에 잘 뜨기 때문에 이동성이 높고 다른 물체에 부착력도 높다. 특히 미국가막사리는 종자 생산량이 많고, 환경 적응력이 높고, 제초제 내성도 높아서 해마다 증가하고 있다. 다갈색의 가막사리 종자(과실)에는 2개의 까락이 있고, 그 까락에는 밑으로 향한 톱니가 있다. 이 톱니 때문에 사람의 옷이나 동물의 털에 한번 박히면 빠지지 않는다. 이것이 종자 전파에 중요한 역할을 한다.

(나) 방제

가막사리는 담수 상태에서는 발아하지 못하고 잎이 물속에 잠기면 생장하기 어렵다. 따라서 가막사리 관리에는 기본적으로 물 관리가 중요하다. 가막사리는 흔히 논에 사용되는 토양 처리제나 경엽 처리제로 어렵지 않게 방제된다. 토양 처리제로서 이앙 전 처리제, 초기 처리제, 초 · 중기 처리제, 중기 처리제가 있고, 경엽 처리제로서 중기 경엽 처리제와 후기 경엽 처리제가 있다. 가막사리는 다른 일년생 광엽 잡초방제계획에 따라 제초제를 선택해서 사용하면 된다. 대체로 설포닐우레아계 제초제에 의해서 쉽게 방제되지만, 이마조설퓨론 합제는 떨어지는 편이다. 후기 경엽 처리제 처리효과는 높은 편이다.

(3) 물달개비

(가) 생리 · 생태

물달개비(*Monochoria vaginalis*)는 대표적인 광엽 일년생 잡초이다. 물달개비는 현재 사용되는 대부분의 제초제로 쉽게 방제할 수 있는 잡초임에도 불구하고 전국적으로 널리 분포하고 있다. 종자 생산량이 많고, 논에 적응력도 높기 때문이다. 물달개비 한 포기에서 생산되는 종자 수가 1,000~2,000개 정도이므로 만일 300평의 논에 10포기만 남아있더라도 월동 후 실제 출현율은 2~3% 정도에 불과하지만 이듬해 그 논에 발생하는 물달개비는 200~600포기에 이르게 된다. 간척지 등에서 많이 발생하고 있는 물옥잠은 물달개비와 매우 흡사하지만 개체의 크기가 크고 꽃이 필 때면 꽃대가 위로 올라오는 것이 물달개비와 다르다. 방제는 물달개비와 매우 유사하다.

물달개비 종자도 휴면성이 있으나 보통 이른 봄에 타파된다. 물달개비는 담수 조건에서 발생한다. 논 조건에서는 15~16℃일 때 발생이 시작되며 약 0.5cm

깊이에서 발생한다. 발생 후에는 피보다 생장이 늦지만, 생육기간이 길다.

(나) 방제

물달개비는 대부분의 토양처리제로 잘 방제되고, 물을 빼고 처리하면 후기 경엽 처리제로도 효과적으로 방제할 수 있다. 문제는 설포닐우레아계 제초제에 의해서 생긴 저항성 물달개비이다. 설포닐우레아 계통에는 azimsulfuron, bensulfuron-methyl, flazasulfuron, metazosulfuron, pyrazosulfuron-ethyl 등이 있으며, 이들은 효소 ALS(acetolactate synthase)에 작용하는 아미노산합성 저해제이다. 작용점이 같은 계통의 제초제를 연용했거나 종자가 유입되어 저항성 물달개비가 발생한 논에는 단제이든 합제이든 그 계통의 제초제 성분이 들어있는 제초제를 사용하지 않아야 한다.

그것을 전제로 다른 잡초들도 방제해야 하기 때문에 강도 높은 체계처리로 저항성 물달개비가 근절될 때까지 ① 이앙전 처리제 fb 초·중기처리제, ② 이앙전 처리제 fb 중기 처리제, ③ 초기처리제 fb 중·후기 경엽처리제, ④ 초기처리제 fb 후기 경엽처리제 사용 등의 수단이 이행되어야 한다.

저항성 물달개비가 발생하는 논에 사용할 수 있는 이앙전처리제로는 옥사디아존 유제(론스타 등), 펜톡사존액상수화제(미리매), 펜트라자마이드유제(써레매), 펜트라자마이드·옥사디아길유제(오복), 펜트라자마이드·옥사디아존유제(안나지), 프레틸라클로르·피라클로닐유현탁제(피쓰리), 옥사디아길유제(톱스타) 등이 있다. 이앙 후 10일경에 처리하는 제초제로는 메페나셋·피리미설판수면부상성입제(막강탄), 벤조비싸이클론·메페나셋·페녹슐람(풀천왕) 등이 있고, 이앙 후 15일경에 사용할 수 있는 제초제에는 벤조비사이클론·메타조설퓨론직접살포포정제(마타킹), 메페나셋·피리미설판액상수화제(풀아웃), 메페나셋·페녹슐람액상수화제(알부자), 펜트라자마이드·피리미설판액상수화제(수문장) 등이 있다.

물달개비 생육중기(물달개비 7~8엽기)에는 벤타존액제(밧사그란 등), 이사-디 액제(이사디아민염), 엠시피에이액제(팜가드)를 경엽처리하면 90%이상의 방제 효과를 기대할 수 있다. 그리고 벤타존·엠시피비미탁제(그란피비-45), 벤타존·엠시피에이액제(밧사그란엠60) 등도 경엽처리하면 방제된다. 또한 입제형태의 벤타존·엠시피에이입제(승전보), 벤타존·테퓨릴트리온입제(갑부촌)는 입제가 녹을 정도만 자작하게 물을 뺀 상태에서 살포하고 3~5일간 유지한 후 다시 감수해주면 손쉽제 방제된다. 경엽처리제에 비해 살포가 간편하다는 것이 장점이며, 약제처리 후 맑은 날씨가 지속되어야만 충분한 방제효과를 기대할 수 있다.

(4) 사마귀풀

(가) 생리 · 생태

사마귀풀(*Aneilema keisak*)은 닭의장풀과 일년생 잡초이다. 열매 하나에는 3개의 방이 있고, 각 방에는 크기, 모양이 다른 종자 2~3개가 들어 있다. 또 방마다 종자 휴면성이 다르다. 따라서 하나의 열매에 크기, 모양, 휴면성이 다른 종자 5~10개가 들어있는 셈이다. 그 이유 대문에 사마귀풀의 방제가 까다롭다. 사마귀풀은 밑 부분이 비스듬히 기면서 마디에서 뿌리가 나오고 분지를 한다. 높이는 10~30cm이고 전체적으로 연한 녹색에서 홍자색을 띤다. 수분이 많으면 녹색에 가까운 자색을 띠고 건조하면 자색이 짙어진다. 줄기는 다육질이고 부드럽다. 엽초의 가장자리가 연하여 털이 있는 1개의 줄이 있다. 4월경부터 발생하기 시작하여 11월까지 자란다. 줄기의 재생력이 강하여 줄기가 남아 있으면 마디에서 뿌리가 나와 재생한다. 특히 직파 논에 많이 발생한다. 발생량이 많을 경우, 그 형태가 특이하여 수확 시 콤바인 작업이 어려워지기도 한다.

(나) 방제

사마귀풀은 대부분의 발아전 처리제에 내성을 보여 방제효과가 떨어진다. 그러나 광엽잡초용 경엽처리제에는 내성없이 쉽게 방제된다. 대부분의 토양처리형 제초제로 방제가 잘 된다. 써레질 할 때 이앙전 처리제(도움꾼, 론스타, 솔네트, 오복, 참일꾼, 초사리, 트랙스타, 풍년초 등)를 처리함으로써 방제된다. 또 이앙 후 10~12일경, 이앙 후 15일경에 각각 벤조비사이클론 성분이 함유된 제초제를 살포하면 발생을 막을 수 있다. 그리고 발생 후에는 밧사그란엠60, 크린샷 등으로 방제된다.

직파답에서 그 발생이 많으며, 발생밀도가 높을 경우 수확시 콤바인 작업을 할 수 없으므로 초기에 방제토록 노력하여야 한다. 사마귀풀은 광엽잡초이지만 벤타존액제(밧사그란 등)에 특이적으로 방제효과가 저조하므로 약제 선택에 신중을 기하여야 한다.

(5) 알방동사니

(가) 생리 · 생태

알방동사니(*Cyperus difformis*)는 대표적인 사초과 일년생 잡초이다. 종자는 아주 작으며, 휴면이 쉽게 타파되므로 발아가 균일한 편이다. 논에 발생하는 다른 잡초보다 발생이 다소 늦어 일반적으로 6월 중에 발생하지만 근래에는 다소 빨라지고 있다. 발생 초기에는 쇠털골, 올챙이고랭이 등과 구분하기 어려우나 뿌리가 적색을 띠어 뽑아보면 쉽게 구분된다.

일반적으로 물 빠짐이 좋은 논에 많이 발생하며, 담수가 비교적 유지되기 어려운 논둑 근처에 많이 발생하는 편이다. 발아할 때는 반드시 햇빛이 있어야 하고, 산소를 많이 요구하기 때문에 종자가 토양 깊이 묻혀 있거나 일정한 수심이 계속 유지되면 발아되기 어렵다. 그리고 설포닐우레아계 제초제를 연용한 논에서는 이들 제초제에 대해 저항성을 보이는 알방동사니가 출현하여 피해를 주고 있다.

(나) 방제

알방동사니는 발아가 균일하여 대부분의 토양 처리제로 방제가 비교적 쉽다. 제초제를 처리하고 논물이 3일 정도 유지되면 발생 전~유묘기까지 쉽게 제초된다. 중후기 경엽 처리제나 후기 경엽 처리제로도 잘 방제된다.

그러나 설포닐우레아계 제초제 저항성 알방동사니가 문제이다. 제초제에 의해서 쉽게 방제되는 알방동사니일지라도 다른 잡초들도 함께 방제해야 하기 때문에 강도 높은 체계 처리 계획을 세워서 방제해야 한다. 저항성 알방동사니 종자가 그 논에서 사라질 때까지, ① 이앙 전 처리제 fb 초 · 중기처리제, ② 이앙 전 처리제 fb 중기 처리제, ③ 초기처리제 fb 중 · 후기 경엽 처리제, ④ 초기처리제 fb 후기 경엽 처리제 사용 등의 수단이 이행되어야 한다. ※ fb(follow by, 순차처리)

후기 경엽처리제로는 일등공신, 그란피비-45, 대다네, 밧사그란엠60, 벤타존액제(밧사그란 등), 수중이사디, 이사디아민염, 정일품 등이 있으며, 이들 살포할 때는 인근 광엽작물에 피해가 발생되지 않도록 주의하여야 한다.

그러나 설포닐우레아계 제초제 저항성 알방동사니 방제를 위해서는 제초제 체계처리가 필요하다. 먼저 1차로 써레질할 때 이앙전 처리제(피쓰리, 안나지, 나지마, 도움꾼, 론스타, 마세트, 솔네트, 솔네트엠, 영일제로원, 초짱, 오복,

초보매, 트랙스타, 톱스타, 풍년초 등)를 살포한다. 그 다음에 2차로 이앙 후 7일이내, 이앙 후 10~12일, 이앙 후 15일경에 각각 적용 제초제를 처리하면 효과적으로 방제된다.

(6) 자귀풀

(가) 생리·생태

자귀풀(*Aeschynomene indica*)은 콩과 일년생 잡초이다. 뿌리에 뿌리혹박테리아가 공기 중의 질소를 고정시켜 자귀풀에 공급하므로 질소 시비량이 적어도 살 수 있는 잡초이다. 키가 보통 1m나 되고 햇빛이나 양분 경합력이 높아 벼에 피해가 심하다. 종자는 단단해서 논토양에서도 수명이 길고, 휴면성이 있어서 출현이 불균일하다. 자귀풀 종자는 담수 조건에서는 보통 2cm 깊이까지 발생하지만, 적습 조건에서는 8cm 깊이에서도 발생한다. 따라서 물을 얕게 대거나 물 관리가 좋지 않은 논에서 많이 발생하고, 물이 빠지면 늦게라도 발생하여 빠르게 생장한다.

(나) 방제

토양 처리제를 살포하면 쉽게 방제할 수 있다. 그러나 논물이 적거나 써레질이 고르지 않은 논에는 의외로 많이 발생하기도 한다. 자귀풀이 완전히 자란 생육 중·후기에는 효과적으로 방제하기 어렵기 때문에 발생 전이나 발생 초기에 방제하는 것이 좋다. 자귀풀은 후기 경엽 처리제로도 방제가 잘 되는 편이나, 페녹슐람에 특이적으로 방제 효과가 높다.

나. 다년생 잡초

다년생 잡초의 증가 요인은 재배 형태의 변화(답리작 감소, 조기 재배, 수확 시기 빠름, 직파 재배 등), 경운 방법 변화(로터리 증가, 추·춘경 감소, 대형 농기계 이동 등), 물 관리 소홀(물 깊이 차이, 물 대주는 시기, 이동 등), 제초 방법 차이(특정 제초제 사용 증가, 손 제초 감소 등) 등이다.

주요 다년생 잡초 영양 번식 기관의 특성은 번식 기관의 토양 중 형성심도는 가래 〉 올방개 〉 벗풀 〉 너도방동사니 〉 올미 순으로 깊고, 영양 번식 기관 형성의 일장 반응은 올미는 중일성, 너도방동사니, 올방개, 벗풀, 가래는 단일성이다. 저온에서 사멸 온도는 -5~-7℃ 정도이며, 건조 사멸한 개체 수는 올미 〉 너도방동사니 = 올방개 = 벗풀 〉 가래 순으로 많고 30~45% 수준으로 건조에 약하다. 또한 올방개와 벗풀은 휴면성이 크고, 수명은 올방개는 5~7년으로 매우 길다(표 28). 벼의 밀식과 논밭돌려짓기로 밭으로 사용하는 기간을 거치면 영양 번식 기관 형성이 저조하다.

다년생 잡초는 기상에 따라 발생 시기 및 지속 기간의 차이가 크며, 너도방동사니 〉 쇠털골 〉 올챙이고랭이 〉 올미 〉 벗풀 〉 올방개 순으로 발생이 빠르다(표 29). 주요 다년생 잡초의 제초 특성과 발생 생태로 본 중점 방제 시기(당년 경합 회피, 익년 번식체 형성 억제)는 올챙이고랭이, 택사, 올미, 쇠털골은 생육 초기, 너도방동사니, 가래는 생육 중기, 올방개와 벗풀은 생육 후기이다.

(표 28) 주요 논 다년생 잡초의 영양번식기관 특성

항목	올미	너도방동사니	올방개	벗풀	가래
크기(mg/개)	60	250	830	540	710
형성 심도(cm)	5~6 이내	10 이내	10~20	7~15	15~20
괴경 형성량(천개/m²)	2~3	1~2	1~1.5	0.5~2	0.5~1
형성 일장 반응	중일성	단일성	단일성	단일성	단일성
저온 사멸 온도(℃)	-7	-5	-7	-7	-7
건사 한계 수분(%)	40~45		30~40		30 이하
휴면성	무	무	유(장)	유(장)	유(단)
수명	3년 이내	1~1.5년	5~7년	2년	3년 이내

(표 29) 정지 후 발생까지 평균 적산 온도

잡초 종류	너도방동사니 좀매자기	쇠털골, 택사	올챙이고랭이	올미	벗풀	올방개
적산 온도(℃)	100~120	150	18~200	250	300	450
발생 순서	빠름 ──────────────────────────────→ 늦음					

답전 윤환을 할 경우, 다년생 잡초의 연차별 생존 현황을 보면, 밭으로 전환한 첫해에는 올방개 〉 너도방공사니 〉 가래 〉 벗풀 〉 올미 순이었으나, 3년째에는 올방개 〉 가래 〉 올미 〉 너도방동사니 = 벗풀 순으로 올방개가 3년 동안 생존하는 것으로 확인되어 방제가 어려운 잡초이다(표 30).

(표 30) 밭 전환에 의한 논 다년생 잡초 덩이줄기의 연차별 생존 상황

잡초의 종류	생존 땅속 줄기 수(개/m²)			
	밭 전환 전년	밭 전환 첫해	밭 전환 2년째	밭 전환 3년째
올미	1,750(100%)	660(38)	70(4)	4(0.2)
벗풀	300(100%)	130(43)	0(0)	0(0)
너도방동사니	870(100%)	740(85)	520(60)	0(0)
올방개	1,380(100%)	1,250(91)	990(72)	440(32)
가래	970(100%)	820(81)	450(46)	30(3)

(1) 가래

(가) 생리 · 생태

가래(*Potamogeton distinctus*)는 다년생 잡초이다. 본래는 연못이나 수로 등 상시 담수되는 장소에 흔한 잡초였으나, 논으로 들어와 주요 잡초로 되었다. 가래는 물이 담긴 곳에서 잘 자라는 특성으로 인하여 물 빠짐이 나쁜 논에 많은 편이다. 가래는 종자도 있으나 주로 지하경 끝 부분에 닭발 모양의 인경(비늘줄기)을 형성하여 그것으로 영양 번식을 한다. 인경은 토양 20cm 깊이에서도 출현할 수 있고, 써레질 후 7~16일경에 발생하기 시작한다. 인경은 휴면성이 거의 없기 때문에 매몰 깊이만 일정하면 발생은 균일하다. 인경은 1개씩 떨어져도 싹이 트기 때문에 로터리 작업은 인경을 널리 확산시키게 된다. 그 이유 때문에 가래가 논에 한번 들어오기만 하면 방제가 어렵게 된다.

비늘줄기는 9월 하순경 단일 조건에서 형성된다. 그 시기가 되면 땅속줄기의 끝은 일제히 아래쪽으로 뻗어 끝 부분이 커지면서 황색이 된다. 따라서 대부분의 인경은 깊은 곳(10~20cm)에 형성된다. 인경은 저온이나 건조한 상태에서도 잘 견디며, 수명이 길고(표 22). 10~15℃의 저온에서도 발생하여 생장할 수 있으며, 벼에 피해를 많이 주는 잡초이다. 가래가 많이 발생한 논에서는 양분탈취, 수온저하 등으로 벼의 생육을 현저히 억제시켜 수량을 크게 감소시킨다.

(나) 방제
가래는 설포닐우레아계(메타조설푸론, 벤설퓨론메틸, 사이클로설퓨론, 아짐설퓨론, 에톡시설퓨론, 이마조설퓨론, 플루세토설퓨론, 피라조설퓨론에틸, 할로설퓨론메틸 등) 혼합제 등의 토양 처리로 방제된다. 또한 잎이 3~5매일 때 트리아진계(디메타메트린, 시메트린 등) 혼합제(직파탄, 황금마패 등)로도 양호한 제초 효과가 있다. 3~5엽기 가래는 잎이 연약해서 제초제 흡수가 쉬울 뿐만 아니라 인경의 양분이 소모되는 시기이다. 그 이전에 처리하면 줄기와 잎이 고사해도 인경에 양분이 남아있어서 재생하기 쉽고, 그 이후에 처리하면 잎의 왁스층이 제초제 흡수를 방해하여 효과가 떨어진다.
경엽처리제로는 벤타존액제(밧사그란 등), 그란피비-45, 밧사그란엠60, 일등공신 등이 있으며, 이들 약제는 논물을 뺀 후 사용해야 효과가 좋다. 대체로 중후기 경엽처리제로는 가래 방제효과가 좋지 않다.

(2) 너도방동사니

(가) 생리 · 생태
너도방동사니(*Cyperus serotinus*)는 논에 발생하는 사초과 다년생 잡초이다. 너도방동사니도 종자가 있으나 주로 괴경(덩이줄기)으로 번식한다. 괴경은 휴면 상태로 월동하다가 봄이 되면 싹이 나와 출현한다. 대체로 깊은 곳에 묻힌 괴경은 죽기 때문에 깊이 매몰된 괴경은 발생이 어렵다. 본래 정아가 측아보다 먼저 나오기는 하지만, 실제 포장에서는 정아 우세성은 거의 없다. 덩이줄기가 발생하는 최저 온도는 약 10℃로서 저온에서도 쉽게 발생을 한다. 그러나 물에 계속 잠긴 상태에서는 거의 발아하지 않고, 물이 잘 빠지는 논에서는 발아율이 높다(표 31). 이는 발아할 때 많은 산소가 있어야 하기 때문이다.
생육은 고온이나 비료를 많이 준 조건에서 왕성하고 빛을 차단한 조건에서는 현저히 억제된다. 따라서 키가 작은 벼 품종 재배, 기계 이앙재배, 드물게 심기재배는 너도방동사니의 증가 요인이 되었다고 볼 수 있다. 종자에서 유래된 너도방동사니는 덩이줄기에서 유래된 것에 비하여 종자 생산량이 적고 형성된 덩이줄기의 크기나 수에 있어서도 현저히 적다(표 32). 너도방동사니의 덩이줄기는 가을갈이를 하는 경우 저온, 건조 상태에 노출되므로 다음해에 발생을 줄일 수 있다.

종자 번식하는 잡초에 비하여 발생이 빨라 벚꽃이 피는 시기에 발생한다. 써레질 후 논물이 깊으면 발생하지 않고, 물이 빠져 있으면 쉽게 발생한다. 따라서 대체로 사질 누수 논이나 건답직파 논에서 많이 발생되고, 같은 논에서도 논둑 근처에 많이 발생한다.

(표 31) 토양 조건별 너도방동사니 덩이줄기 출현율

잡초명	괴경출현율					
	1cm	3cm	5cm	10cm	15cm	20cm
밭 상태	100	100	95	70	35	5
써레질 후 배수 상태	75	15	10	0	0	0
담수 유지 상태	10	0	0	0	0	0

(표 32) 너도방동사니의 종자와 덩이줄기 생산량

구분	종자 무게 (mg/개)	종자 수 (개/주)	덩이줄기 무게 (g/개)	덩이줄기 (개/pot)
괴경 유래 개체	0.35	1,053	0.9	47
종자 유래 개체	0.37	153	0.4	8

(나) 방제

너도방동사니도 대부분의 논 일년생 및 다년생잡초 방제대상 약제인 토양처리제를 논 표면에 고르게 살포하면 토양표층에 처리층이 형성되어 너도방동사니를 효과적으로 방제할 수 있다. 현재 피리미설판, 메타조설퓨론 성분이 포함된 제초제가 너도방동사니를 방제하는데 효과적이다. 피리미설판 혼합제로는 대장부, 막강탄, 수문장, 풀아웃 등이 있으며, 메타조설퓨론은 마타조, 마타킹, 마타동, 이티스타 등이 있다. 처리시기는 이앙 후 10~12일 또는 이앙 후 15일이므로 각각의 제초제를 확인한 후 살포하면 된다. 이들 제초제이외에 카펜트라존에틸 혼합제(안노처, 엄선, 위드캅, 핀치히터, 필드왕, 햄머 등)도 방제효과가 우수하다 후기 경엽처리제로는 벤타존액제(밧사그란 등), 그란피비-45, 밧사그란엠60, 살초대첩, 일등공신 등이 있다. 경종적인 방제로 가을갈이(추경, 秋耕)를 할 경우, 저온과 건조상태의 반복으로 괴경이 죽어 다음해에 발생량을 줄일 수 있다.

(3) 벗풀

(가) 생리 · 생태

벗풀(*Sagittaria trifolia*)은 택사과 다년생 잡초이다. 초장이 보통 50~70cm 이지만, 그 이상 되기도 하여 벼 위로 올라오기도 한다. 벗풀은 종자로도 번식하지만, 주로 괴경(덩이줄기)으로 번식한다. 덩이줄기가 발생할 수 있는 토양 깊이는 0~10cm로서 올미의 덩이줄기에 비하여 깊은 편이다. 덩이줄기는 땅속에서 1년 이상을 견디지 못하여 다음해에 발생하지 않으면 죽게 된다. 벗풀의 덩이줄기에는 휴면성이 있기 때문에 그해 가을이나 겨울에 발아 조건이 주어지더라도 쉽게 싹이 나오지 않는다.

벗풀은 로터리 작업에 의해서 덩이줄기의 눈이 절단되거나 깊은 곳에 묻히면 발생이 어렵게 된다. 덩이줄기는 물이 담긴 상태에서도 싹이 틀 수 있으며, 덩이줄기마다 휴면 기간이 다르고 크기가 다르거나 묻혀 있는 깊이에 따라 발생 일수가 다르므로 모낸 후 벗풀은 일제히 발생하지 않고 하나씩 발생하므로 제초제로 방제하기가 비교적 어렵다. 벗풀은 올미와는 달리 포기 나누기를 하지 않는 점이 그 특징이다.

그러나 발생 후 60일 정도가 지나면 땅속줄기가 자라게 되어 그 끝부분에 덩이줄기를 형성한다. 그 덩이줄기들은 일반적으로 토양 7~15cm 깊이에 형성되며, 벼 모내는 시기가 늦을수록 덩이줄기의 수는 현저히 줄어든다(표 33). 벗풀에서는 암꽃이 핀 후 수꽃이 피기 때문에 대개 곤충에 의하여 꽃가루받이가 된다. 초장이 50~100cm로서 벼의 초장과 비슷하므로 광 경합에 의하여 벼에게 피해를 주고, 단위 무게당 질소함량이 벼의 2배나 되어 양분 탈취가 큰 편이다. 괴경은 휴면성이 있어 그해 가을이나 초겨울에 조건이 좋아도 싹이 잘 나오지 않는다. 괴경은 담수 조건에서도 싹이 나올 수 있으나, 크기에 따라 휴면 기간이 다르고, 매몰 깊이에 따라 발생 시기가 다르며, 비교적 높은 온도에서 발생한다. 따라서 벗풀은 비교적 늦게 발생하면서도 불균일하다. 그것이 제초제로 방제하기 어려운 이유이고, 난방제 잡초가 된다.

(표 33) 벼 이앙기별 올미와 벗풀의 개화 일수 및 덩이줄기 형성 수

벼 이앙기 (월. 일)	올미		벗풀	
	개화 일수	덩이줄기 형성 수	개화 일수	덩이줄기 형성 수
5. 30	42	55	50	112
6. 30	36	56	52	87
7. 30	36	55	60	74

(나) 방제

벗풀 괴경은 휴면성이 있어 같은 설포닐우레아계 제초제 일지라도 토양 중 지속성이 긴 제초제일수록 벗풀 방제 효과가 높다. 지속성이 길다는 것은 벼나 토양 환경에 좋지 않게 영향을 줄 수도 있으므로 반드시 바람직한 것은 아니지만, 대체로 아짐설퓨론이 오래 지속되고, 피라조설퓨론에틸, 이마조설퓨론, 벤설퓨론메틸 순으로 짧아지는 경향이나 함량이나 합제의 조합에 따라 달라진다. 또한 사이클로설파뮤론 합제가 올미, 사마귀풀, 벗풀에 방제 효과가 높은 편이다. 기계 이앙 논에서는 일반적인 잡초 관리 체계로 방제가 가능한 잡초이다. 즉 이앙 후 10~12일, 또는 이앙 후 15일경에 적용 가능한 토양 처리제로 방제가 가능하다. 그러나 설포닐우레아 제초제에 대한 저항성 벗풀 방제에는 제초제 체계처리가 필요하다. 먼저 1차로 써레질 할 때 이앙전 처리제(피쓰리, 론스타, 미리매, 트랙스타, 톱스타 등) 를 살포하고, 2차로 이앙 후 10~12일, 이앙 후 15일에 적용 제초제로 방제된다. 특히 사이클로설파뮤론 혼합제인 천지창조, 골드논, 손아네, 우리논 등이 효과적이다. 생육 중·후기에는 그란피비-45, 벤타존 액제(밧사그란 등), 밧사그란엠60, 승전보, 갑부촌 등을 처리하면 방제된다. 설포닐우레아계 제초제에 의해서 생긴 저항성 벗풀 방제도 다른 저항성 잡초방제와 같은 방법으로 한다. 저항성 벗풀이 발생하는 논에서도 다른 잡초들도 방제해야 하기 때문에 설포닐우레아계의 단제이든 합제이든 모두 사용하지 않는 전제로 한다. 그 전제로 강도 높은 체계 처리 계획을 세워 근절될 때까지 ① 이앙 전 처리제 fb 초·중기처리제, ② 이앙 전 처리제 fb 중기 처리제,

③ 초기처리제 fb 중ㆍ후기 경엽 처리제, ④ 초기처리제 fb 후기 경엽 처리제 사용 등으로 이행한다. ※ fb(follow by, 순차처리)

(4) 올미

(가) 생리ㆍ생태

올미(*Sagittaria pygmaea*)는 택사과 다년생 잡초이다. 유묘기의 올미는 벗풀, 물달개비 등과 유사하여 구별이 쉽지 않다. 올미는 주로 괴경(덩이줄기)으로 번식한다. 올미는 괴경을 보통 토양 0~5cm의 얕은 깊이에 형성하지만, 5~10cm 깊이에 형성하기도 한다(표 34). 올미는 포장 용수량 80% 이상에서는 발생이 빠르지만, 40% 이하에서는 발생이 거의 불가능하다.

올미는 발생 시기와 관계없이 발생 후 50~60일이 되면 괴경이 형성되기 시작한다. 올미 괴경 형성은 가래, 너도방동사니, 올방개와는 달리 일장의 영향은 받지 않는다. 올미와 벗풀은 발생 직후에는 아주 비슷하여 거의 구분하기가 어렵다. 올미와는 달리 벗풀은 생육이 어느 정도 진행되면서 주걱잎이 나오고 이어서 화살잎이 나오므로 자연히 구별된다.

(표 34) 경운 전후의 올미 덩이줄기의 토양 중 분포

토양 깊이(cm)	덩이줄기 수직 분포 비율(%)	
	경운 전	로터리 경운 후
지표	0	5
0~5	85	15
5~10	10	30
10~15	50	45
15이하	0	5

(나) 방제

기계이앙논에서는 일반적인 잡초관리체계로 방제가 가능한 잡초이다. 현재 피리미설판, 메타조설퓨론 성분이 포함된 제초제가 감수성 및 저항성 올미를 방제하는데 효과적이다. 피리미설판 혼합제로는 대장부, 막강탄, 수문장, 풀아웃 등이 있으며, 메타조설퓨론은 논천하, 마타조, 마타킹, 마타동, 이티스타 등이 있다. 처리시기는 이앙 후 10~12일 또는 이앙 후 15일이므로 각각의 제초제를 확인한 후 살포하면 된다. 이들 제초제이외에 카펜트라존에틸 혼합제(논도사, 동네방네, 안노처, 위드캅, 엄선, 핀치히터, 필드왕, 하이킥, 햄머 등)도 방제효과가 우수하다.

그러나 설포닐우레아 제초제에 대한 저항성 올미는 제초제 체계처리가 필요하다. 먼저 1차로 써레질 할 때 이앙전 처리제(피쓰리, 나지마, 도움꾼, 론스타, 마세트, 솔네트, 솔네트엠, 오복, 초보매, 초사리, 초짱, 톱스타, 풍년초 등)를 살포하고, 2차로 이앙 후 10~12일 또는 이앙 후 15일에 적용 제초제로 방제된다. 6~8엽기 중·후기에는 그란피비-45, 밧사그란엠60, 벤타존액제(밧사그란 등), 일등공신, 승전보, 갑부촌 등을 처리하면 방제한다.

그러나 설포닐우레아계 제초제에 의해 생긴 저항성 올미가 문제이다. 아무리 저항성 올미라고 하더라도 다른 초종도 함께 방제해야 하므로 강도 높은 체계 처리 계획을 세울 수밖에 없다. 설포닐우레아계 단제이든 합제이든 사용하지 않고 다른 제초제를 사용한다는 전제로, 저항성 올미 괴경이 토양에서 사라질 때까지, ① 이앙 전 처리제 fb 초중기 처리제, ② 이앙 전 처리제 fb 중기 처리제, ③ 초기 처리제 fb 중후기 경엽 처리제, ④ 초기처리제 fb 후기 경엽 처리제 사용 등의 체계 처리 방법으로 방제되어야 한다. ※ fb(follow by, 순차처리)

(5) 올방개

(가) 생리·생태

올방개(*Eleocharis kuroguwai*)는 논, 연못, 수로 등에 발생하는 사초과 다년생 잡초이다. 올방개는 종자로 번식할 수도 있으나 주로 괴경(덩이줄기)으로 번식을 한다. 올방개는 보통 논에서는 10~20cm, 습답에서는 30cm, 연못에서는 50cm 깊이에 괴경을 형성하여 다년생 잡초 중 가장 깊게 형성한다.

올방개 괴경은 밤 모양으로 보통 전년에 만들어진 것은 갈색, 그 이전에 만들어진 묵은 것은 흑색이다. 논에는 올방개 포기가 작은 것이 의외로 많다. 이것은 모두 어미주가 늦게 발생한 것이 아니고, 아들주와 손자주이다. 전전년도에 형성된 괴경은 발생이 빠르고 포기가 대체로 크다. 어미주의 포기가 크면 지하경이 많고, 작은 아들주와 손자주가 많아진다. 작은 포기라고 해서 모두 늦게 발생한 어미주는 아니다.

괴경은 휴면 타파가 균일하지 않아 일반적으로 30% 정도는 6~7월, 30% 정도는 8월, 30% 정도는 2년차인 이듬해에 발생한다. 때로는 3년차에 발생하기도 한다. 괴경에 따라 휴면이 달라 1~2년이 지난 후에도 발생하기 때문에 1~2년에 근절하기가 어렵다. 올방개 방제가 어려운 이유가 또 있다. 괴경에는 눈이 보통 3~4개이다. 제초제로 정아가 죽고 효과가 떨어지면 제1측아가 발생하고, 제1측아가 죽으면 제2측아가 발생하는 등 순차적으로 발생하므로 더욱 방제하기가 힘들다.

덩이줄기의 수명이 대단히 길기 때문에 한 번 형성된 덩이줄기는 5~7년에 살게 되며, 올방개가 발생하였던 논에는 연중 살아 있는 덩이줄기가 있다. 덩이줄기의 휴면 기간은 토양 수분 조건, 온도, 덩이줄기의 형성 조건 등에 따라 다르고, 크기와 토양 깊이 등 여러 가지 요인이 함께 작용한다. 따라서 올방개의 방제 방향은 그 해에는 경합 회피 수준의 방제와 다음해에는 발생원 차단(영양 번식 기관 형성 억제)에 중점을 두어야 하며, 발생한 논은 이런 방향으로 생태적 및 화학적 방제를 병행하여 3~5년간 지속하여 방제하면 완전히 제거할 수 있다. 특히 추경 후 건조시킬 경우에 다음해 발생량이 적다.

(나) 방제

올방개는 발생기간이 길기 때문에 약효지속성이 높은 제초제가 유리하다. 메타조설퓨론, 벤퓨러세이트, 시노설퓨론, 아짐설퓨론 등의 합제들이 높은 약효지속성으로 살초효과가 높다. 써레질 후 이앙전 처리제(론스타, 안나지, 미리매 등)를 처리하면 초기 발아억제효과가 인정되고, 2차로 중기 제초제를 처리하면 효과적으로 방제된다. 대부분의 설포닐우레아계 토양처리제를 이앙 후 10~15일경에 고르게 살포하면 토양표층에 처리층이 형성되어 출아 후 올라오는 올방개를 방제할 수 있다. 특히 벤퓨러세이트 혼합제(논풍, 삼점포, 아주매, 우리논, 정석골드, 천하대왕, 한손 등), 피리미설판 혼합제(대장부, 막강탄, 수문장, 풀아웃 등), 메타조설퓨론 혼합제(논천하, 마타조, 마타킹, 마타동, 이티스타 등)가 효과적이다. 초기에 방제가 미흡하여 후기에 발생이 심한 경우에는 그란피비-45, 밧사그란엠60, 벤타존액제(밧사그란 등), 살초대첩, 일등공신, 승전보, 갑부촌 등을 살포하면 방제된다. 올방개의 발생이 많았던 논의 경우, 가을갈이(秋耕)를 하면 겨우내 괴경의 건조와 동사로 인하여 이듬해 발생량을 상당히 줄일 수 있다.

(6) 올챙이고랭이

(가) 생리 · 생태

올챙이고랭이(*Scirpus juncoides*)는 주로 종자로 번식하기 때문에 일년생 잡초라고 할 수 있다. 그러나 포기의 밑부분이 비대해지면서 형성되는 주기부(株基部)로 월동하기도 하므로 형태적으로 다년생 잡초라고 할 수 있다. 주기부는 써레질할 때 깊게 묻히면 부패되지만 표토 부근에 있는 것은 각각의 눈에서 싹이 나와 생장하고, 분리되어도 눈만 있으면 싹이 나온다. 올챙이고랭이를 다년생 잡초로 보는 것은 주기부가 있다는 형태적 특성 때문만이 아니라, 사실은 종자 출아 심도와 관련해서 제초효 과가 떨어진다는 생태적 특성이 있기 때문이다.

올챙이고랭이는 주로 종자 번식을 하므로, 토양 처리제를 사용하면 쉽게 방제될 것 같지만 그렇지 않다. 종자의 출아 심도가 보통 1cm라고 하지만, 조건에 따라서는 2~3cm, 최고 5cm 깊이에서도 출아한다.

종자가 땅속에서 출아할 때는 중경이 표토 쪽으로 신장한다. 깊은 곳에서 발생하는 피의 경우를 보면 중경이 표토까지 신장하여 발생하지만, 깊은 곳에서 출아하는 올챙이고랭이는 중경이 표토에 도달하기 전에 도중에 멈추어버린다. 그러므로 피의 생장점은 제초제 처리층에 있는 반면, 올챙이고랭이의 생장점은 처리층 아래에 있기도 하다. 그 이유로 처리층이 얇은 제초제인 경우, 제초 효과가 떨어지기 된다.

(나) 방제

올챙이고랭이 방제는 대부분의 설포닐우레아계 제초제로 방제가 잘 되었지만 저항성이 유발되어 문제이다. 현재 올챙이고랭이 방제에 효과적인 제초제는 벤조비사이클론, 메소트리온, 브로모뷰타이드, 클로마존, 테퓰릴트리온 성분이 포함된 제초제이다.

벤조비사이클론 혼합제를 이앙전 · 이앙동시(나지마, 논감독 등)이나 이앙 후 10~12일(다관왕, 다메기, 문전옥답, 아리온내, 온동네, 초킬왕, 풀천왕 등)

또는 이앙 후 15일(다킬, 대명사, 만능손, 만사형통, 마타조점보, 마타킹점보, 매직샷, 상강마, 영일스타, 애니풀, 올고래점보, 이편한점보, 조아라, 콩알탄, 풀다벤·이티, 황금볼 등)에 살포하면 방제된다. 그리고 메소트리온 혼합제로는 하늘천, 손안대, 하나처, 필드마스터 등이 있다. 메소트리온의 경우 일부 찰벼 등에서 약해가 발생되므로 사용전에 꼭 확인하여야 한다. 이들 제초제이외에 브로모뷰타이드 혼합제(금수강산, 반석, 불도저, 삼박자, 클로저, 펴나네, 평양감사 등)도 방제효과가 우수하며, 찰벼 등에도 안전하게 사용할 수 있다.

그러나 초기 방제 미흡으로 후기에 발생이 심한 경우는 벤타존액제(밧사그란 등) 또는 벤타존합제인 그란피비-45, 밧사그란엠60, 일등공신, 승전보, 갑부촌 등을 살포하면 방제된다. 이들 약제는 논물을 뺀 후 처리를 하되 햇볕이 내리쬐는 뜨거운 날은 피하는 것이 좋다. 약제 살포 후에 벼 잎 끝이 타는 듯한 약해증상이 나타날 수 있으나 수일 후 회복된다.

설포닐우레아계가 아닌 다른 성분의 제초제만으로 저항성 올미 괴경이 토양에서 사라질 때까지, ① 이앙전 처리제 fb 초중기 처리제, ② 이앙전 처리제 fb 중기 처리제, ③ 초기 처리제 fb 중후기 경엽처리제, ④ 초기 처리제 fb 후기 경엽처리제 사용 등의 체계처리 수단이 이행되어야 한다.

(7) 새섬매자기

(가) 생리 · 생태

새섬매자기(*Scirpus maritimus*)는 사초과 다년생 잡초로서 일반적으로 매자기와 새섬매자기로 크게 구분된다. 일반 농가 포장에 발생하는 것은 대부분 새섬매자기로서 주로 습지, 간척지 등에서 발생하는 사초과 잡초로서 내염성이 강한 식물이나 내륙의 염 농도가 낮은 지역에서도 잘 자란다.

번식은 지하 월동 덩이줄기로 하고 생육기에는 새로운 땅속줄기로 뻗어 나간다. 덩이줄기는 7월 하순경부터 생기며, 토양 중 10cm 이내에 분포한다. 눈은 1덩이줄기당 1~4개 정도 달려 있다. 토양 중 12cm 이하에서는 출현되지 않으나, 수심은 20cm 에서도 100% 출현된다. 염농도 1.2%에서도 100% 출현되며(표 35), 생장 속도가 빨라 특히 담수직파 논의 높은 염 농도(0.3%)에서는 벼보다 새섬매자기의 발생본수가 월등히 많으며, 벼보다 생육이 왕성하다(표 36). 이앙 논에서도 이앙 후 30일경

이후부터는 초장이 벼를 능가하는 생장을 한다. 이런 습성으로 방제가 어려우나 초기에 토양처리 제초제를 뿌리기하고 중기에 경엽 처리제(벤타존액제)의 뿌리기로 방제가 가능하다.

(표 35) 염 농도별 새섬매자기 출현율

염 농도(%)	0~0.6	1.2	1.8	2.4
출현율(%)	100	100	75	30

(표 36) 염농도별 벼와 새섬매자기의 발생본 수 (담수 직파)

염 농도(%)	조사 시기	발생본 수(본/m²)	
		벼	매자기
0.1%	파종 후 30	112	34
	파종 후 45	100	45
	파종 후 60	123	21
0.3%	파종 후 30	37	210
	파종 후 45	40	514
	파종 후 60	42	345

(나) 방제

새섬매자기는 초기 생육이 빨라 체계적으로 방제하여야 한다. 올방개 또는 올챙이고랭이 방제방법을 준용하면 된다.

(8) 나도겨풀

(가) 생리 · 생태

나도겨풀은 화본과(벼과) 다년생 잡초로서 줄기는 가늘고 길며, 옆으로 덩굴이 뻗는다. 외부 형태로 보아 겨풀과 비슷하지만 겨풀은 실제 논에서 잡초화되어 있지 않다. 나도겨풀은 벼흰잎마름병균의 기주식물이므로 철저한 방제가 필요한 잡초이다. 증식 형태는 종자, 뿌리줄기, 주기부를 이용하지만 주로 뿌리줄기나 종자로도 번식을 한다(표 37).

(표 37) 논에 발생한 나도겨풀의 증식 형태

구분	종자	뿌리줄기	주기부	합계
발생 수(개)	22	39	3	64
비율(%)	34.4	60.9	4.7	100

(나) 방제

종자로 발생한 나도겨풀은 토양처리형 제초제에 의해서 쉽게 방제될 수 있지만 뿌리줄기나 주기부에서 발생된 개체는 제초제로 방제하기가 어렵다. 어린 나도겨풀은 사이할호포프뷰틸유제(크린처)로 방제되나 30cm이상 자란 나도겨풀은 쉽게 방제되지 않는다.

(9) 조류(藻類)

(가) 생리 · 생태

논에 가장 많은 녹조류는 원통 모양의 세포가 길게 연결되어 있는 사상체이며, 각 세포에는 1개 이상의 엽록체가 들어 있다. 2개의 성숙된 사상체가 서로 만나 세포 접합이 이루어져 접합자가 형성되고 이 접합자는 세포 분열을 반복하면서 새로운 사상체를 만들어 증식한다. 일반적으로 저온이면서 흐린 날이 계속되면 발생이 많고, 수온 18~25℃에서 가장 잘 번식한다. 인산 비료를 많이 준 논이나 약알칼리성을 띠는 논에서는 번식이 잘 된다. 벼에 주는 영향은 적은 편이지만 번식력이 왕성하여 비가 많이 내린 후 빗물이 빠질 때에는 기계 이앙모를 덮어 피해를 주는 수도 있다.

(나) 방제

논조류 방제에는 적용 제초제가 제한적이다. 디메타메트린, 시메트린, 피라클로닐 성분이 들어간 제초제가 일반적인 논잡초이외 논조류도 같이 방제할 수 있다. 여기에는 피쓰리, 필살기, 황금마패, 초푸레, 썬파워, 스워드, 도움꾼이 있다. 특히 논조류 전용 방제약제인 퀴노클라민입제(희망탄, 이끼탄)도 있다. 괴불은 논표토가 막상으로 되어 수면에 떠오르는 현상으로서 대체로 규조류에 의해서 생긴다. 괴불은 규조류가 광합성을 할 때 산소를 배출하게 되는데 이 산소가 표토에서 기포를 만들어 부력으로 얇은 표토가 뜨게 되는 현상이다. 괴불은 수온 25℃부근에서 가장 왕성하고 27℃이상에서는 감소된다.

02

밭 잡초

잡초 한 개체로부터 생산되는 종자 수는 대개 수천에서 수만 개에 이른다. 그러나 종자의 대부분은 땅속 깊이 묻혀 생존해 있으면서도 휴면 상태로 있기 때문에 싹이 틀수가 없거나 월동 기간에 얼어 죽기도 하고, 자연 상태에서 부패함으로써 실제 출현율은 극히 낮다. 바랭이와 왕바랭이의 경우에는 각각 9.3%, 16.4%에 불과하다. 그러나 사초과와 광엽 잡초 종자의 경우에는 대부분이 5%에 미치지 못한다(표 38).

온대 지방에는 추운 겨울이 있기 때문에 대부분의 잡초 종자에는 휴면성이 있다. 바랭이 종자가 자연 상태에 있을 때는 암 조건에서 발아하지 않으나 종피를 제거할 때에는 암 조건에서도 발아율이 높다(표 39). 또 종피 제거에 의해서 발아 속도도 빨라진다.

(표 38) 밭 잡초의 월동 후 출현율

초종	출현율(%)	초종	출현율(%)
바랭이	9.3	쇠비름	2.7
왕바랭이	16.4	석류풀	2.3
비름	6.2	참방동사니	3.7

(표 39) 바랭이 종피 유무에 의한 휴면성

침종 일수(일)	무처리		종피 제거	
	광 조건	암 조건	광 조건	암 조건
3	58.9	0.0	85.5	46.7
4	86.7	0.0	88.9	70.7
5	87.8	0.0	88.9	72.2

밭 잡초는 수분이 적은 토양에서도 비교적 잘 발생하지만 그 정도는 초종에 따라 크게 다르다. 대체로 화본과(벼과)와 사초과 잡초는 광엽 잡초에 비하여 비교적 건조한 토양에서도 발생 비율이 높은 편이다. 밭 잡초도 논 잡초와 마찬가지로 대체로 일찍 발생한 개체일수록 생육이 왕성하고, 종자 생산량도 많아진다.

7월에 발생한 쇠비름은 6월 이전에 발생한 쇠비름에 비하여 종자 생산량이 현저히 적어지고, 8월에 발생한 쇠비름은 극히 적은 양의 종자를 생산한다(표 41). 밭 잡초의 발생량은 토양 수분 조건에 따라 다르며(표 42), 갈퀴덩굴의 경우 토양 수분 30~50% 조건에서 발생량이 많았으며, 메꽃의 생육은 토양 수분 60%에서 가장 왕성하였다.

(표 40) 쇠비름 파종기별 종자 생산량

파종기	종자 생산량(개/포기)
4. 18	59,500
5. 16	56,750
6. 15	57,300
7. 17	41,650
8. 18	12,150

(표 41) 주요 밭 잡초의 토양 수분별 발생

염 농도(%)	발생 수(개/m²)		
	적습	건조	비율(%)
바랭이	186	123	60
왕바랭이	328	197	60

비름	124	59	48
쇠비름	53	20	39
석류풀	45	16	35
참방동사니	73	41	58

가. 화본과(벼과) 잡초

(1) 바랭이

(가) 생리 · 생태

바랭이(*Digitaria ciliaris*)는 화본과(벼과) 일년생 잡초로서, 밭, 밭둑, 과수원, 도로변, 빈터 등에 발생하는 대표적인 밭 잡초로 하작물에서 가장 문제되는 초중이다. 이른 봄 기온이 13℃경에 발생하기 시작하여 15~20℃ 조건에서 많이 발생하며, 7~8월에도 발생하는 등 발생 기간이 길다. 본엽이 4~5매일 때 분얼하기 시작한다.

바랭이는 키가 40~70cm 정도로서, 아래 부분은 땅위를 기면서 마디에서 뿌리를 내린다. 잎은 길이가 8~20cm로서 길지 않고, 특히 엽초(잎집)에는 털이 많다. 꽃은 7~8월에 피고, 이삭은 3~8개의 가지가 손가락처럼 갈라진다. 바랭이 종자는 휴면성이 있고, 광 발아성이다.

바랭이의 개체가 작은 것은 주당 약 2,000개, 큰 것은 주당 약 50,000개의 종자를 생산한다. 바랭이 종자는 4장의 껍질에 싸여 있으므로 빗물을 따라 이동할 수 있는 부력이 있고 바람에도 잘 날린다. 동물의 털에 붙어 이동하고, 동물의 소화액에도 비교적 강하여 가축이나 초식 동물의 배설물에 의해 확산된다.

바랭이 종자는 토양 중에서 2~3년간 생존할 수 있으며, 발생 심도가 0~2cm로서 낮은 편이다. 따라서 대부분의 토양 처리제로 쉽게 방제되는 풀이다. 그러나 6엽기 이상이 되면 키가 크고, 분얼이 많아지고, 뿌리가 발달해서 뽑아내기도 힘들고, 경엽 처리제에 내성도 높아져 3~5엽기에 방제하는 것이 좋다.

바랭이와 유사한 민바랭이(*D. violascens*)는 온도가 낮은 지방에서 가끔 눈에 띄며, 바랭이에 비하여 줄기가 가늘고 작으며, 엽초에 털이 없고, 줄기와 잎이 적자색을 띠고, 소수(작은이삭)도 회백색 바탕에 적자색을 띤다. 분얼력이 강하여 포기당 줄기수가 보통 20~30개가 된다. 마디에서 뿌리가 나오기는 하지만, 땅을 기지는 않는다.

바랭이와 이름이 비슷한 왕바랭이(*Eleusine indica*)는 주로 양지쪽 길가와 밭 근처에 서식하면서 좀처럼 경작지로 들어가지는 않는다. 밀집하여 자랄 때는 직립하지만 넓은 공간에서는 옆으로 퍼진다. 줄기는 납작하고, 잎 길이가 16~40cm 정도이다. 줄기와 이삭 모두가 굉장히 질겨서 좀처럼 끊어지지도 않고, 뿌리가 깊고 강해서 좀처럼 뽑히지 않는다.

(나) 방제

바랭이는 일년생 화본과(벼과)잡초로서, 발생전에는 파종이나 이식 직후 토양처리제로 방제하고, 발생 후에는 화본과(벼과)잡초 방제용 경엽처리제로 방제된다.

바랭이 3~5엽기에 세톡시딤유제(나브), 클레토딤유제(셀렉트), 페녹사프로프-피-에틸유탁제(푸로레), 페녹사프로프-피-에틸유제(매드시), 프로파퀴자포프유제(아질), 플루아지포프-피-뷰틸유제(뉴원싸이드 등), 할록시포프-아르-메틸유제(슈퍼갤런트) 등을 처리하면 효과적이다. 잔디밭에서는 바랭이 3~5엽기에 아슐람소듐액제(아지란), 아이오도설퓨론메틸소듐입상수화제(커빅스-디), 트리플록시설퓨론소듐입상수화제(모뉴먼트), 플라자설퓨론수화제(파란들), 플라자설퓨론·엠시피에이입상수화제(팜스프링), 플루세토설퓨론수화제(존플러스) 등을 사용할 수 있다.

(2) 강아지풀

(가) 생리 · 생태

강아지풀은 도로변, 밭둑, 초지, 과수원, 밭, 빈터 등에 많이 발생하는 화본과(벼과) 일년생 잡초이다. 흔히 보이는 강아지풀류에는 강아지풀(*Setaria viridis*), 가을강아지풀(*S. faberii*), 금강아지풀(*S. glauca*)이 있다. 강아지풀류는 C_4 식물이므로 광합성 능력이 뛰어나고, 적은 수분으로도 생장할 수 있는 특성이 있다. 따라서 여름철 고온 건조 조건에서도 왕성한 생장을 한다.

강아지풀류들의 발생 생태는 종 간에 차이가 있다. 금강아지풀은 건조 25℃

정도에서 휴면 타파가 잘 되나, 가을강아지풀과 강아지풀은 5℃ 정도의 습윤 조건에서 휴면 타파가 잘 된다(표 42).

강아지풀은 뿌리에서 타감 물질을 분비하여 다른 식물의 생육을 억제한다. 타감 물질은 특히 옥수수의 생육을 억제하고, 배추, 토마토 등의 생육도 나쁘게 하며, 다른 식물의 뿌리를 기형으로 만들기도 한다.

(표 42) 강아지풀의 종류별 종자 저장 조건별 발아율

종별	저장 기간 (1개월)	저장 조건에 따른 발아율(%)			
		저온 건조 (4℃)	저온 습윤 (4℃)	상온 건조 (25℃)	고온 건조 (40℃)
금강아지풀	1	0	1	1	0
	2	0	6	68	9
	3	0	15	97	91
가을강아지풀	2	0	29	0	4
	3	0	41	1	7
	4	1	65	1	27
강아지풀	2	0	65	1	17
	3	1	79	4	23
	4	0	85	15	37

* 발아 조건 : 30~20℃ (광 14시간, 암 10시간)

(나) 방제

강아지풀류는 화본과(벼과) 일년생잡초로서 작물 파종이나 이식 후에 토양처리 제로 방제할 수 있으며, 발생 후에는 화본과(벼과)잡초용 경엽처리제로 방제할 수 있다. 제초제 반응은 강아지풀 종류에 따라 약간씩 다르다. 세톡시딤유제(나브)에 대해서는 3종류 모두 비슷하게 감수성을 보이지만, 페녹사프로프-피-에틸유제(푸로레)에 대해서는 강아지풀과 가을강아지풀이 효과적이고, 플루아지포프-피-뷰틸유제(뉴원싸이드)에는 가을강아지풀에 더 효과적인 편이다.

잔디밭에서 강아지풀 발생초기에 경엽처리할 경우, 아슐람소듐액제(아지란), 이마자퀸액제(톤-앞) 등이 효과적이다. 생육초기(3엽기)에는 플라자설퓨론수화제(파란들), 플루세토설퓨론수화제(존플러스)의 경엽 또는 토양처리 효과가 좋다. 이마자퀸·펜디메탈린유현탁제(스토풀)도 있다.

(3) 뚝새풀

(가) 생리 · 생태

뚝새풀은 보리 및 월동 작물 재배지의 논, 밭에 발생하는 월년생 화본과(벼과) 잡초로서 논에서는 가을에 낙수되면 출아하여 월동 전에 90% 이상 발생한다. 전국적으로 가장 넓게 분포하고 있는 잡초의 하나로 많은 해를 주고 있다.

뚝새풀의 출아에는 어두운 상태에서 싹 나오기가 촉진되나 밝은 상태에서도 잘된다. 또한 10~20℃ 범위에서 출아가 잘 되나 15℃ 부근에서 가장 잘된다. 논의염 농도가 높을수록 발생이 적고 0.25% 이상에서는 거의 발생되지 않는다(표 43). 뚝새풀은 자라는 데 인산이 필수적으로 필요하며 인산의 함량이 많은 논에서는생육이 왕성하다. 따라서 뚝새풀은 논토양의 염 농도나 인산함 량의 지표 식물로도 이용된다.

(표 43) 염 농도에 따른 뚝새풀의 출현

염 농도(%)	출현 수(천 본/m²)	건물중(g/m²)
0.03	24.3	224
0.05	24.2	225
0.06	4.1	36
0.09	3.2	32
0.21	2.0	20
0.25	0	0
0.35	0	0
0.70	0	0

(나) 방제

뚝새풀의 방제는 발생 후에 티펜설퓨론메틸입상수화제(하모니)가 효과적이며 보리밭에서는 11월부터 2월말 사이에 사용할 수 있다. 바랭이, 강아지풀과 같은 화본과(벼과)잡초 방제약제를 준용하여 사용할 수 있다.

나. 사초과 잡초

(1) 방동사니

(가) 생리 · 생태

밭 상태에서 자라는 방동사니류에는 방동사니(*Cyperus amuricus*), 금방동사니(*C. microiria*), 참방동사니(*C. iria*)가 있다. 이 3종은 사초과 일년생 잡초로서 밭, 생활 주변, 빈터 등 에서 자란다.

방동사니는 습한 밭에 많이 발생하는 잡초로서, 13℃ 전후에서 발생을 시작하고 20℃가 되면 왕성하게 발생하는 편이지만 일제히 발생하지 않고 천천히 여름에까지 발생한다. 내음성이 약하고 초장이 30~50cm로서 대형 잡초는 아니지만, 많이 발생하면 키가 작은 땅콩 등에는 피해가 크다.

(나) 방제

방동사니류 종자는 휴면성이 있고 광발아성이지만, 발생심도가 0~1cm로서 아주 얕아 토양처리제로 방제가 잘 될 뿐만 아니라 김매기나 배토작업에도 약한 편이다. 뿌리도 깊지 않아 손으로 뽑아내기도 쉽다.

방동사니류를 방제하기 위해서는 발아전 토양처리제 처리가 효과적이다. 그 중에서도 알라클로르유제(라쏘, 와쏘 등), 알라클로르 · 펜디메탈린유제(들손, 풀손), 옥사디아존 · 펜디메탈린유제(해도지), 리뉴론 · 펜디메탈린유제(파트너) 등이 좋은 편이다. 잔디밭의 파대가리 등 방동사니류에 대해서는 플라자설퓨론수화제(파란들), 플루세토설퓨론수화제(존플러스) 등을 4~5엽기에 처리하면 효과적이다.

다. 광엽 잡초

(1) 흰명아주

(가) 생리 · 생태

명아주라고 하면 보통 명아주, 흰명아주, 좀명아주를 가리킨다. 그러나 명아주와 흰명아주는 같은 종으로서 모두 흰명아주(*Chenopodium album*)로 보는 추세에 있다. 새로 나오는 잎에 일시적으로 홍자색을 띠느냐에 따라 구분했으나, 자라면서 표징이 쉽게 없어지기 때문이다.

흰명아주는 명아주과 일년생 잡초이다. 발아 최저 온도는 6℃ 전후로서, 이른 봄에 다른 잡초가 없을 때 빠르게 발생하여 초여름까지 계속 발생한다. 유묘는 아주 작고 초기 생육이 완만하지만, 발생 후 20~30일부터는 왕성하게 자란다. 쇠비름과는 달리, 그늘에 잘 견디는 내음성 잡초로서 90%이상의 차광 조건이 아니면 생장이 쉽게 억제되지 않는다. 따라서 옥수수 등 대형 작물과도 경합해서 피해를 준다.

흰명아주 종자는 광 발아성으로서 토양에 조금만 깊게 묻혀도 발아하기 어렵다. 또 산소가 충분해야 발아하므로, 심토나 습한 토양에서는 발아가 어렵다. 흰명아주는 어떤 환경에서도 적응해서 생육을 잘 하는 가소성이 높은 잡초이다. 좋은 환경에서 자란 명아주는 키가 2m나 된다. 흰명아주는 잘 자라도록 방치하거나 아래 부분의 가지를 조금만 잘라주면 잘 자라서 줄기가 굵게 자라서, 베어 말리면 나무처럼 단단하다. 줄기가 굵은 것은 직경이 3cm에 달한다. 줄기에 녹색 줄이 있고, 오래되면 경화되는 것이 특징이다. 잎에는 톱니가 있다. 꽃은 황록색으로 8~9월에 피고, 꽃잎은 없고 꽃받침만 있는데, 꽃받침은 5개이다.

좀명아주(*Chenopodium ficifolium*)는 키가 30~90cm이고, 잎이 긴 타원형으로 3개로 갈라져 있고, 꽃은 6~7월에 녹색으로 핀다.

(나) 방제

명아주에 비교적 효과가 좋은 토양처리제에는 클로마존입제(콩맨드), 에탈플루랄린유제(쏘나란), 리뉴론수화제(아파론, 한사리)등이 있다. 화본과(벼과)작물 포장에서 사용되는 선택성 경엽처리제 중에 옥수수밭에서는 니코설퓨론액상수화제(원호프, 리치가드), 보리밭과 옥수수밭에서는 벤타존액제밧사그란(벤타그란, 싸악다 등) 등이 있다.

(2) 비름류

(가) 생리 · 생태

밭에 발생하는 비름류라고 하면 비름(*Amaranthus mangostanus*), 개비름(*A. blitum*), 청비름(*A. viridis*), 털비름(*A. retroflexus*), 가는털비름(*A. patulus*) 등을 가리킨다. 그 중에서 인도 원산 재배종인 비름은 국내 서식조차 의문스럽고, 열대 아메리카 원산 털비름은 분포가 아직 넓지 않은 것 같다. 따라서 농경지 주요 비름류에는 개비름, 청비름, 가는털비름이라고 볼 수 있다.

전국적으로 발생하는 개비름은 비름과 일년생 잡초로서, 바랭이보다 약간 빨리 발생한다. 개비름은 초식 동물이 좋아하지만, 소화기 내에서 종자가 잘 소화되지 않는다. 따라서 축분을 살포한 밭이나 과수원 등에 많이 발생한다. 개비름은 잎이 무성하고, 초기 생장이 매우 빨라, 키가 작은 식물을 만나면 차광으로 경쟁하고, 키 큰 식물을 만나면 종자 생산량이나 초기 생장 속도로 경쟁한다.

(나) 방제

개비름은 토양처리제로 방제가 비교적 잘 되는 편이다. 효과가 좋은 토양처리제는 클로마존입제(콩맨드), 에탈플루랄린유제(쏘나란)등이 있다. 광엽작물을 재배하는 고랑이나 비닐하우스 가장자리 등에 발생한 개비름은 비선택성 제초제로 방제한다.

(3) 미국실새삼

(가) 생리 · 생태

새삼이라고 하면 새삼(*Cuscuta japonica*)과 실새삼류를 말하고, 실새삼류에는 실새삼(*C. australis*), 미국실새삼(*C. pentagona*), 갯실새삼(*C. chinensis*) 등이 있다. 그중 실새삼과 갯실새삼은 흔하지 않다. 따라서 전국적으로 분포하는 새삼류로는 새삼과 미국실새삼이다.

새삼은 주로 목본에 기생하고 미국실새삼은 주로 초본에 기생한다. 흔히 보이는 실새삼류는 미국실새삼이라고 해도 과언이 아닐 정도이다. 미국실새삼은 대체로 광엽식물에 기생하고, 화본과(벼과)나 사초과 식물에는 흡기를 부착하기 어렵다. 광엽식물 중에서도 나팔꽃, 토마토 등은 미국실새삼이 싫어하는 기주식물이다. 땅에 떨어진 미국실새삼 종자는 봄에 발아한다. 종자는 직경 약 3mm로서 비교적 큰 편이고, 토양 5cm 깊이까지 묻혀도 발아한다. 발아하면 실처럼 생긴 싹이 나와 기주식물을 휘감으면서 빨판을 꽂은 후 양분을 탈취한다. 빨판만 꽂으면 사실상 뿌리가 필요 없게 되므로 곧바로 뿌리는 떼어버린다. 그리고는 빨판을 계속 꽂으면서 위로 올라간다.

빨판은 기주식물의 표피와 피층을 뚫고 체관부와 물관부에 침투하여 수분과 양분을 흡수한다. 기주식물이 양분을 빼앗겨 견디지 못할 정도가 되면, 개화와 결실을 한다. 미국실새삼은 대부분의 토양 처리제로 쉽게 방제되지만, 일단 식물에 기생하면 선택성 제초제로도 방제되지 않는다.

(나) 방제

미국실새삼은 밭작물 적용 발아전 처리제로 방제된다. 그러나 작물체에 붙어서 빨판을 꽂기만 하면 방제가 어렵다. 기주식물과 기생식물이 한 몸이기 때문이다. 그러므로 더 이상 확산되기 전에 실새삼이 붙은 작물을 뽑아서 태우는 것이 좋다. 새삼류 방제에 효과적인 토양처리제는 나프로파마이드수화제(데브리놀골드 등), 리뉴론수화제(아파론, 한사리 등), 펜디메탈린유제(스톰프 등), 에탈플루랄린유제(쏘나란), 알라클로르유제(라쏘 등), 에스-메톨라클로르유제(듀알골드 등), 클로마존입제(콩맨드) 등이 있다.

(3) 쇠비름

(가) 생리 · 생태

쇠비름(*Portulaca olaeracea*)은 마른 땅이면 어디든지 자라는 쇠비름과 일년생 잡초이다. 쇠비름은 여름철 고온을 좋아하고 가뭄이 계속되어도 잘 견딘다. 흡비력이 강하고, 줄기를 절단해도 재생할 수가 있으므로 땅속에 묻어야 재생을 방지할 수 있는 잡초이다.

쇠비름은 햇빛이 잘 들고 따뜻한 조건을 대단히 좋아한다. 양분이 풍부하면서 부드러운 사질토에서 잘 번성한다. 양분이 빈약하거나 단단하거나 건조한 조건은 싫어한다. 식물 전체가 털이 없고 다육질이며, 뿌리는 백색이나 줄기는 적갈색이고, 높이가 30cm에 달하며 많은 가지가 비스듬히 옆으로 퍼진다.

6월 이전에 발생한 쇠비름의 종자 생산량은 주당 60,000개인데 반하여 7월에 발생한 쇠비름의 종자는 40,000개이고, 8월에 발생한 쇠비름 종자는 12,000개로 발생 시기가 늦을수록 적어진다. 종자는 휴면성이 있으며, 일장 반응은 둔하다. 발생 심도가 낮아 토심 2cm 이내의 지표면 부근에서 발생한다. 내음성이 약하여 작물이 성숙하여 그늘이 생기면 생육이 현저히 억제된다. 종자는 땅속에서 15년을 살 수 있고, 조건이 좋으면 40년까지도 살아남을 수 있다.

(나) 방제

김매기로 방제가 가능하나 노력이 많이 든다. 줄기가 절단되어도 토양에 매몰되면 재생이 되므로 유의해야 한다. 대부분의 토양처리제로 방제된다. 파종 또는 이식 후 5일 이내에 토양처리를 함으로써 발아하는 유아가 토양표층의 제초제 성분과 접촉되면서 방제된다. 토양처리제 중 시마진수화제(씨마진 등), 메톨라클로르·펜디메탈린유제(듀스), 펜디메탈린유제(스톰프 등) 등이 효과적이다. 작물이 심겨지지 않은 고랑에는 글루포시네이트암모늄액제(바스타, 신스타 등), 글루포시네이트-피액제(바로바로, 자쿠사) 등의 비선택성 제초제에 의해서도 방제가 잘되지만 비산에 유의해야 한다.

(4) 어저귀

(가) 생리·생태

어저귀(*Abutilon theophrasti*)는 아욱과 일년생 잡초이다. 본래 섬유작물이었으나 현재는 옥수수밭 등에 많이 발생하는 문제되는 외래 잡초이다. 줄기의 껍질이 질겨서 사료용 옥수수의 기계 수확을 어렵게 하고, 식물체는 가축이 싫어하는 냄새가 나서 섭식을 기피할 뿐만 아니라 많이 먹었을 경우 우유에서도 냄새가 난다.

어저귀 종자는 암 발아성이므로 비교적 깊게 묻힌 종자도 발아한다. 그 이유로 발아가 불균일해서 지속성이 짧은 제초제는 효과가 떨어진다. 초기생장이 대단히 빨라 보통 작물의 생장속도를 추월한다. 어저귀는 5월 초에 발아해서 8~9월에 성숙하며, 키가 보통 1.5~2m이고, 때로는 3m까지 생장한다. 식물 전체가 부드러운 털로 덮여있다. 꽃은 7~8월에 피고 황색이며 잎겨드랑이에 모여 달린다. 꽃받침조각과 꽃잎은 5개씩이고 밑 부분이 합쳐져 있다. 열매는 삭과로서 보통 8월에 익는다. 종자는 방사상으로 배열하고 흑색이며, 겉에 털이 있다.

(나) 방제
옥수수밭 어저귀 방제를 위한 토양처리제로는 파종 후 3~5일경에 펜디메탈린유제(스톰프 등), 리뉴론수화제(아파론, 한사리), 리뉴론·펜디메탈린유제(파트너) 등이다. 경엽처리제로는 디캄바액제(반벨)가 있다.

03

과수원 잡초

가. 닭의장풀

(1) 생리 · 생태

닭의장풀(*Commelina communis*)은 과수원, 길가, 빈터, 냇가 등 습한 곳에서 자라는 닭의장풀과 일년생 잡초이다. 닭의장풀의 줄기 아래 부분은 옆으로 비스듬히 자라며 땅을 기고, 마디에서 뿌리를 내리며 가지가 많이 발생한다. 닭의장풀 종자는 휴면성이 있으므로 생장에 적합한 환경이 아니면 절대 발아하지 않는다. 비교적 한랭지 잡초로서 저온에서 발아가 잘 되고, 생장도 잘 되기 때문에 남부에서 북부, 평야지에서 고랭지까지 널리 분포하고 있다.

닭의장풀 종자의 발생 심도는 깊어서 토심 5cm에서도 발생하고, 발생기간도 길다. 종자의 깊이에 따라 중경의 길이가 달라진다. 닭의장풀 종자가 발생하는 모습을 보면 다른 잡초와는 크게 다르다. 지상부 줄기 아래 부분에 자엽초가 있고 그 아래에 중경이 있고 그 아래에 뿌리가 있는 것도 특이하지만, 더욱 놀라운 것은 종자가 중경과는 별도로 자엽초와 연결된 긴 탯줄 끝에 붙어있다. 중경이 지표 부근에서 발아한 것은 짧지만, 깊은 곳에서 발아한 것은 뿌리 위치로 보아 토양 처리제가 도저히 도달할 수 없게 되어 있다. 그래서 토양 처리제로 방제가 힘들다.

닭의장풀은 7~8월에 남색 꽃이 피는데 하루 만에 시들어 버리는 특징이 있다. 열매는 삭과로 타원형이며 마르면 3개로 갈라지고 8월부터 성숙된다. 닭의장풀 종자는 크기가 아주 작은 미세종자이고 대개 군락으로 생장한다.

(2) 방제

닭의장풀은 클로마존입제(콩맨드) 등의 토양처리제로 방제가 잘 되는 편이지만, 광엽잡초에 효과가 비교적 높은 토양처리제라 하더라도 닭의장풀에는 효과가 떨어지는 편이다.

기본적으로 엠시피에이액제(팜가드), 트리클로피르티이에이액제(뉴갈론), 아이속사벤액상수화제(캐치풀), 메코프로프액제(영일엠시피피), 메코프로르-피액제(초병), 플루록시피르메틸 · 트리클로피르티이에이미탁제(하늘아래) 등 광엽잡초 방제용 제초제로 방제가 가능하다. 비선택성 제초제 중에서는 글루포시네이트암모늄액제(바스타, 신스타 등), 글루포시네이트-피액제(바로바로, 자쿠사), 글리포세이트이소프로필아민 · 티아페나실액상수화제(테라도플러스) 등이 방제효과가 좋은 편이다.

나. 망초

(1) 생리 · 생태

전국적으로 흔한 망초류에는 개망초(*Erigeron annuus*), 봄망초(*E. philadelphicus*), 망초(*Conyza canadensis*), 실망초(*C. bonariensis*)가 있다. 그 중 개망초와 봄망초의 꽃은 설상화가 뚜렷하여 흰 국화처럼 보이고, 망초와 실망초의 꽃은 설상화가 작아 꽃망울처럼 보인다. 따라서 꽃 모양으로 보아 크게 개망초류와 망초류로 구분할 수 있다. 봄망초의 꽃은 개망초와 비슷하지만 개망초는 일년생이고 봄망초는 다년생이다. 망초는 주당 보통 60만 개의 종자를 생산한다.

망초가 외딴 섬으로 날아가고, 산불이 난 지역으로 날아가서 그 지역을 녹색으로 만들어주는 능력은 종자가 미세하고 생산량이 많기 때문이기도 하지만, 종자에 관모가 있어 멀리 이동할 수가 있고, 단위생식을 하기 때문이다. 종자의 관모는 종자를 멀리 이동하게 하고, 공기 중의 수분을 붙잡을 수 있어서 불량 환경에서도 쉽게 발아할 수 있게 한다. 또한 단위생식을 하기 때문에 꽃가루가 없어도 종자를 생산할 수 있다.

(2) 방제

농경지에서 발생되는 망초는 대부분 토양처리형 제초제로 방제가 된다. 2012년 10월 이전에는 일부 망초 중에 패러캇디클로라이드액제(그라목손)에 대해 저항성을 보였으나, 이 제초제가 사용되지 않음에 따라 다른 제초제로 망초류 방제가 가능하다. 특히 글루포시네이트암모늄액제(바스타, 신스타 등) 또는 합제, 글루포시네이트-피액제(바로바로, 자쿠사), 글리포세이트이소프로필아민·티아페나실액상수화제(테라도플러스) 등을 사용하면 효과적으로 방제된다.

다. 쑥

(1) 생리·생태

쑥(*Artemisia princeps*)은 한국, 일본, 중국 등 동아시아에 분포하는 국화과 다년생 잡초이다. 쑥은 2~10월 사이에 생장하고, 키가 60~120cm 정도 된다. 쑥이 많은 땅을 로터리로 쇄토 작업을 하면 뿌리가 절단되어 오히려 번식을 도와주는 결과가 된다. 쑥은 어느 한 장소에 터를 잡기만 하면 군생하기 시작하고, 자신의 영역을 지키기 위해 타감 물질까지 분비한다. 실제로 화단에 있는 살비아, 다알리아 등은 근처에 쑥이 있으면 생장이 나빠진다.
쑥은 근경이 옆으로 뻗으며 싹이 나와 군생한다. 줄기에 달린 잎은 어긋나고 탁엽(턱잎)이 있으며 길이 7~10cm이다. 꽃은 두상화로서 7~9월에 연분홍색으로 핀다. 한 개의 두상화는 5~6개의 통상화로 되어 있는데, 중앙부에는 양성화, 주변부에는 암꽃이 있다. 그런데 자신의 꽃만으로는 수정을 하지 않는 자가 불화합성이다.

(2) 방제

쑥은 글리포세이트이소프로필아민액제(근사미, 근초대왕 등), 글리포세이트암모늄ㆍ옥시플루오르펜입산수화제(대장군), 플루티아셋메틸ㆍ글루포시네이트암모늄미탁제(확타), 글리포세이트이소프로필아민ㆍ티아페나실액상수화제(테라도플러스), 글루포시네이트-피액제(바로바로, 자쿠사) 등의 이행성 경엽처리제를 사용하는 것이 좋다. 잎에 뿌린 제초제 약액이 뿌리로 이행되려면 쑥이 적어도 20㎝ 이상 자라야 하고, 낫으로 베어도 20㎝ 이상 자랄 때까지 기다려야 한다. 쑥은 대개 7~8월에 개화하므로 이 시기를 전후해서 이행형 제초제를 살포하는 것이 효과적이고, 처리 후 15일 이상 지나야 효과가 나타난다.

그 외에도 3~4월에 뷰타클로르ㆍ디클로베닐입제(동장군), 디클로베닐입제(카소론)을 처리하거나, 5~8월에 트리클로피르티이에이액제(뉴갈론), 플루록시피르멥틸ㆍ트리클로피르티에이액제(하늘아래), 메코프로프액제(영일엠시피피), 메코프로프-피액제(초병), 엠시피에이액제(팜가드) 등을 처리해도 좋은 효과가 볼 수 있다.

04

목초지 잡초

가. 가시비름

(1) 생리 · 생태

가시비름(*Amaranthus spinosus*)은 키 40~90cm의 비름과 일년생 잡초로서 목초지에서 문제되는 외래 잡초이다. 잎겨드랑이에 1쌍의 가시가 있어 가축이 섭식을 기피하고, 다른 비름류와는 달리 줄기가 잘리면 잘린 하단부에서 곧바로 뿌리가 나와서 빠르게 재생된다.

가시비름은 5월부터 발생하며, 줄기는 암녹색이고 털이 없고 광택이 있으며, 똑바로 서고 가지를 친다. 잎은 어긋나기이고 잎자루가 있고 기부에 1쌍의 길이 5~20mm의 단단한 가시가 있다. 6~9월에 꽃이 피며, 10월경에 결실한다. 종자 생산량은 최대 주당 230,000개 정도이며, 15년이 지난 종자 중에도 발아하는 종자가 있을 정도로 종자 수명이 길다.

제주도에서 가시비름은 비교적 늦은 5월 중순경에 발생하여, 6월 중 · 하순에 15cm 정도, 7월 하순에 60cm 정도가 된다. 발생이 늦기 때문에 초기에는 목초에 억눌려서 생육이 억제되었다가 목초가 1차 예취된 다음 빠르게 생장한다.

(2) 방제

가시비름은 펜디메탈린유제(스톰프 등) 등의 토양처리제로 방제가 가능하다. 그러나 목초지의 가시비름을 효과적으로 방제하기 위해서는 체계처리가 필요하다. 잡초 발생전에 토양처리제를 살포하고, 목초 1차 예취 후 가시비름이 20~30cm가 되는 6월 하순~7월 중순 사이에 디캄바액제(반벨), 메코프로프액제(영일엠시피피), 메코프로프-피액제(초병), 엠시피에이액제(팜가드) 등의 이행형 경엽처리제를 부분 처리한다.

나. 고사리

(1) 생리 · 생태

고사리(*Pteridium aquilinum* var. *latiusculum*)는 포자로 번식하는 양치식물이면서, 한번 정착하면 지하경으로 번식하는 고사리과 다년생 잡초이다. 4월 하순에서 5월 상순 사이에 발생하고 4월부터 10월 사이에 생장한다. 지하경이 잘 발달된 식물로서 봄철 고사리 1개체를 파보면 지하경이 7~25cm 깊이에 분포되어 있고, 그 점령 면적은 12m²에 이른다.

고사리는 키가 약 1m나 되고, 잎이 깃털 모양이고 잎자루가 20~80cm이다. 이른 봄에 근경(뿌리줄기)으로부터 끝이 말리고 흰 솜털에 덮인 어린잎이 나오고, 자란 잎은 깃꼴로서 겹잎이며, 잎 가장자리의 뒷면에 갈색의 포자낭이 붙어있다. 잎자루는 곧게 서며 굵고 털이 없으나, 그 기부는 어두운 갈색을 띠며 털이 있다. 잎 앞면은 녹색이며, 뒷면은 색이 연하다. 목초지의 고사리는 가축이 먹기도 하기 때문에 고사리 중독이 일어날 수도 있다. 가축은 고사리를 거의 먹지 않지만, 싹이 나올 때는 약하기 때문에 강하게 방목할 경우 고사리 생육이 억제될 수도 있다.

(2) 방제

고사리는 지상부만 방제하면 재생하므로 반드시 이행성 제초제를 사용해야 한다. 전면 처리할 경우에는, 6~9월 30cm이상 자랐을 때 글리포세이트이소프로필아민액제(근사미, 근초대왕), 플루티아셋메틸 · 글루포시네이트암모늄미탁제(확타), 글리포세이트이소프로필아민 · 티아페나실액상수화제(테라도플러스), 글리포세이트암모늄 · 옥시플루오르펜입상수화제(대장군) 등를 살포한다.

다. 도깨비가지

(1) 생리 · 생태

도깨비가지(*Solanum carolinense*)는 가지과 다년생 잡초이다. 줄기, 가지, 잎자루는 물론이고 잎에도 가시가 많다. 키는 40~70cm 정도 되며, 잎의 길이가 7~14cm로서 긴 편이다. 꽃은 5~9월에 백색 또는 연한 자주색으로 핀다. 종자로도 번식하지만, 아주 강력하게 확산되는 힘은 근경(뿌리줄기)에 있다. 근경은 질긴 조직으로 되어 있고 깊고 넓게 뻗어있다. 줄기와 잎에 있는 가시 때문에 가축이 근접하지 않아 목초 이용면적이 줄어진다. 설령 포클레인 등으로 근경을 파낸다 해도 깊이 뻗어있는 근경이 잘리게 되어 거기에서 또 다른 개체가 나오게 된다. 도깨비가지가 목초지에서 문제되는 원인은, ① 종자 생산량이 많아 확산에 유리하고, ② 가시 때문에 가축이 기피하여 번식에 유리하고, ③ 정착만 하면 근경으로도 번식하고, ④ 근경이 깊게 뻗어있어서 제거하기 어렵고, ⑤ 근경이 질겨서 절단하기도 어렵고, ⑥ 토양에 근경 절편이 남아있으면 새로운 개체로 재생할 수 있기 때문이다.

(2) 방제

도깨비가지를 경엽처리제로 방제하기 위해서는 이행형 선택성 제초제인 디캄바액제(반벨), 메코프로프액제(영일엠시피피), 플루록시피르멥틸 · 트리클로피르티이에이미탁제(하늘아래)나, 이행성 비선택성 제초제인 글리포세이트이소프로필아민액제(근사미, 근초대왕 등), 플루티아셋메틸 · 글루포시네이트암모늄미탁제(확타), 글리포세이트이소프로필아민 · 티아페나실액상수화제(테라도플러스), 글리포세이트암모늄 · 옥시플루오르펜입상수화제(대장군) 등을 부분처리 할 수 있다.

라. 도꼬마리

(1) 생리 · 생태

도꼬마리(*Xanthium strumarium*)는 국화과 일년생 잡초로서 키가 1m정도 된다. 줄기와 잎이 거칠고, 잎 길이가 15cm 정도로서 큰 편이다. 꽃은 황색으로 8~9월에 피고, 암꽃과 수꽃이 따로 있는 자웅동주이다. 열매는 주당 50~200개 정도 열린다. 열매에 가시가 붙어있어 독말풀과 혼동되기 쉽다. 그러나 독말풀 열매는 훨씬 크고 옷에 달라붙지 않고 익으면 벌어지는 모양 등으로 도꼬마리와 구별된다. 도꼬마리 열매는 갈고리 모양의 가시가 빽빽하게 붙어있다. 그 열매는 잎이 변태된 것으로 사실상 과실이 아니라 국화과 두상화서의 특징인 총포이다. 그러므로 약 1.5cm 길이의 다갈색 총포 안에 약 1.2cm 길이의 과실이 들어있고, 그 안에 약 1cm 길이의 종자가 들어있는 모습이다. 도꼬마리에는 하나의 과실 안에는 위, 아래로 휴면성 강도가 다른 2개의 종자가 들어있다. 위 종자는 작고, 아래 종자는 크다. 두 종자 모두 휴면성이 있어 그해에는 아무리 조건이 알맞아도 싹이 나오지 않는다. 이듬해 조건이 알맞으면, 아래 큰 종자만 발아하고, 위의 작은 종자는 발아하지 않는다. 도꼬마리 종자는 발아할 때 광이 없어도 되기 때문에 깊은 토양에 묻혀있어도 조건만 맞으면 발아할 수 있다. 더구나 종자가 커서 토양에서 뚫고 나오는 추출력도 좋다.

(2) 방제

도꼬마리를 방제하기 위해서는 이행형 선택성 제초제 디캄바액제(반벨), 메코프로프액제(영일엠시피피)나, 이행성 비선택성 제초제인 글리포세이트이소프로필아민액제(근사미, 근초대왕 등), 플루티아셋메틸 · 글루포시네이트암모늄미탁제(확타), 글리포세이트이소프로필아민 · 티아페나실액상수화제(테라도플러스), 글리포세이트암모늄 · 옥시플루오르펜입상수화제(대장군) 등을 부분 처리할 수 있다.

마. 돌소리쟁이

(1) 생리 · 생태

목초지의 돌소리쟁이(*Rumex obtusifolius*)는 마디풀과 다년생 잡초로서 뿌리 번식력이 강하고 식물체에서 점질액이 나와 가축이 섭식을 기피하기 때문에 목초지에서 크게 문제되는 외래 잡초이다. 근생엽이 커서 목초를 억압하고, 5~9월에 초장 0.5~1.3m에 이른다. 1주당 생산되는 종자가 3~4만 개나 되고, 종자로 번식하지만 경운에 의해 뿌리가 절단되면 절단된 뿌리가 새로운 개체로 된다. 토양에서 종자 수명은 20~25년으로 길다.

돌소리쟁이가 목초지에 발생되면 초지의 품질을 떨어뜨리고 애기수영, 쑥 등의 다른 잡초의 발생을 촉진하여 초지를 황폐화시킨다. 또 돌소리쟁이는 수산(蓚酸)을 많이 함유하고 있어 사료로서 적합하지 않으며, 가축이 대량으로 섭식할 경우에는 중독을 일으킨다.

소리쟁이(*R. crispus*)와 돌소리쟁이는 상당히 다르다. 소리쟁이는 잎의 밑 부분이 좁고, 근생엽이 길이 13~30cm, 폭 4~6cm로서 좁고, 열매의 내화피 가장자리가 톱니 없이 둥글다. 돌소리쟁이는 잎의 밑 부분이 하트형이고, 근생엽이 길이 20~35cm, 폭 8~15cm로서 넓고, 열매의 내화피 가장자리에 톱니가 여러 개 있다.

(2) 방제

목초지에서 돌소리쟁이 발생을 줄이려면 무엇보다도 가축분이나 퇴구비를 충분히 발효해서 사용해야 한다. 갱신할 때에는 목초종자의 밀파하여 돌소리쟁이 생육을 억제시키도록 한다.

돌소리쟁이는 이행형 선택성 제초제인 디캄바액제(반벨), 메코프로프액제(영일엠시피피), 트리클로피르티이에이액제(뉴갈론), 플루록시피르멥틸 · 트리클로피르티이에이미탁제(하늘아래)나, 이행성 비선택성 제초제인 글리포세이트이소프로필아민액제(근사미, 근초대왕 등), 플루티아셋메틸 · 글루포시네이트암모늄미탁제(확타), 글리포세이트이소프로필아민 · 티아페나실액상수화제(테라도플러스), 글리포세이트암모늄 · 옥시플루오르펜입상수화제(대장군) 등을 처리하면 방제할 수 있다.

바. 애기수영

(1) 생리 · 생태

유럽 원산인 애기수영(*Rumex acetosella*)은 마디풀과 다년생 잡초로서 자웅이주이다. 주로 종자로 번식하지만, 근경(뿌리줄기)으로도 왕성하게 번식한다. 창검 형태의 잎이 어긋나기로 나온다. 꽃은 단성화이고, 홍록색으로 5~6월에 핀다. 우리나라 대부분의 목초지에 피해를 주고 있으며 도로변, 제방, 야산까지 계속 확산되고 있는 외래 잡초이다.

애기수영은 초지 조성을 위하여 수입된 목초 종자에 혼입되어 들어온 것으로 추정된다. 애기수영은 토양이 척박하고 산도가 높은 목초지에 많이 발생한다. 주당 수천 개의 종자를 생산하며, 목초와 경합에 강하여 결국 목초지를 뒤덮게 된다. 애기수영은 식물체 함유성분 옥살산(Oxalic acid) 때문에 신맛이 나므로 가축이 싫어하고 많이 섭식하면 옥살산이 옥살산-칼슘 킬레이트를 형성함으로써 칼슘 부족을 유발시키게 된다.

(2) 방제

오차드그라스, 톨페스큐, 켄터키블루그라스 등의 화본과(벼과) 목초지에 발생한 애기수영은 이행형 선택성 제초제인 디캄바액제(반벨), 메코프로프액제(영일엠시피피) 등을 경엽처리한다. 발생이 심한 경우에는 토양처리제와 경엽처리제를 체계처리한다. 애기수영으로 인하여 목초지를 갱신할 경우, 갱신 30일 전에 글리포세이트이소프로필아민액제(근사미, 근초대왕 등)를 살포하고, 목초가 정착하면 디캄바액제(반벨)을 살포하여 새로 발생한 애기수영을 방제한다.

애기수영은 산성토양을 좋아하고, 알카리성 토양에서는 발생이 억제되므로 목초 종자 파종 전에 석회 시용으로 토양을 개량할 수도 있다.

05

잔디밭 잡초

가. 서양민들레

(1) 생리·생태

민들레라고 하면 흔히 민들레(*Taraxacum platycarpum*), 흰민들레(*T. coreanum*), 서양민들레(*T. officinale*)를 말하지만, 근래에 들어 재래종인 민들레와 흰민들레는 발견하기가 어렵고, 눈에 띄는 것은 거의 외래종인 서양민들레이다. 서양민들레가 늘어난 이유는 첫째, 자생민들레는 발아에서 개화까지 몇 년이 걸리지만, 서양민들레는 생장이 빨라 종자가 발아하는 그 해에 개화할 수가 있다. 둘째, 자생민들레는 봄에만 꽃이 피지만 서양민들레는 봄부터 여름, 때로는 가을에도 꽃이 핀다. 셋째, 자생민들레는 자가 불화합성으로 타가 수분을 하지만, 서양민들레는 꽃가루가 없이 단위생식을 하므로 번식력이 높기 때문이다.

민들레꽃은 해바라기 꽃이나 국화꽃처럼 여러 개의 작은 낱꽃이 모여서 한 송이 꽃을 만든 것이다. 작은 꽃들이 공통의 꽃받침에 받쳐져 있다. 작은 꽃은 모두 설상화로서 관상화는 없다. 작은 꽃 안에는 암술과 수술이 모두 갖추어져 있고, 꽃잎 밑 부분에는 관모가 붙어있다. 민들레 종자 위에 관모(깃털)라는 솜털은 종자를 멀리 날려 보내고 정착했을 때 수분을 머금기 위함이다. 민들레의 꽃대는 꽃이 필 때 갑자기 길어지고 종자가 익을 때 또다시 갑자기 늘어난다. 그때는 꽃을 필 때보다 약 1.5배 늘어난다. 이것은 꽃을 피우고 종자를 멀리 날려 보내기 위함이다. 서양민들레는 일부에서는 관상용으로 이용되기도 하고 가축이 즐겨 먹기 때문에 초지에 10% 내외로 골고루 퍼져 있으면 잡초로 취급하지 않기도 한다. 그러나 목적 이외 장소에서 군락을 이루어 생육할 때에는 방제를 고려해야 한다.

(2) 방제

민들레 방제를 위한 제초제 살포시기는 생육 최성기인 5~6월이 좋으나 작물이나 잔디의 상육상태를 고려하여 달리할 수 있다. 잔디밭에 발생한 서양민들레는 선택성 경엽처리제인 디캄바액제(반벨), 벤타존·엠시피에이액제(골드그린S), 메코프로프액제(영일엠시피피), 메코프로프-피액제(초병), 플루록시피르멥틸·트리클로피르티이에이미탁제(하늘아래) 등을 처리하고, 빈터에 발생한 서양민들레는 이행성 비선택형 제초제를 경엽처리한다.

나. 쇠뜨기

(1) 생리 · 생태

쇠뜨기(*Equisetum arvense*)는 속새과 다년생 잡초로서, 이른 봄 3월부터 나오기 시작하여 늦가을 11월까지 자란다. 땅속에 있는 지하경에서 포자경이 일찍 나와서 시든 다음, 영양경이 나온다. 포자경의 이삭은 긴 타원형으로 육각형의 포자엽이 밀착하여 거북등처럼 보인다. 영양경의 속은 비어있고, 겉에는 능선이 있다. 마디에는 잎이 돌려나 있고, 마디가 쉽게 분리된다.

쇠뜨기는 암갈색 지하경이 땅속 옆으로 뻗어 있고, 그곳에서 포자경과 영양경이 나온다. 보통 지하경은 0~25cm에 50%, 25~50cm에 25%, 50cm 아래에 25%가 분포한다. 따라서 산불로 지상부가 장해를 받아도 지하경은 살아서 재생한다. 쇠뜨기는 산성 토양을 좋아하고 뿌리에서 산성 물질을 분비하여 토양을 산성화시킨다. 따라서 다른 잡초의 발생을 억제한다. 석회 살포로 쇠뜨기 생육이 억제되는 것은 직접 영향이 아니고 산도 교정에 따라 인접 식물의 생육이 촉진되기 때문이다.

쇠뜨기 체내에는 티아민(Thiamine, vitamine B1)의 분해 효소 티아마나제(Thiaminase)가 들어있으므로 동물이 쇠뜨기를 먹으면 비타민 B1 결핍증을 일으킬 수 있다. 또한 팔루스트린(Palustrine)이라고 하는 알카로이드가 들어있으므로 소가 많이(건물중 2g/일) 섭취할 경우 우유 생산이 감소될 수도 있다.

(2) 방제

쇠뜨기는 종자식물이 아니고 양치식물로서 포자와 지하경으로 번식한다. 지하 번식기관으로서 근경은 토양 깊은 곳까지 뚫고 들어간다. 지상부와 지하부의 형태적 특성 때문에 이행형 제초제라고 해도 근경까지 침투되어 식물체를 완전히 죽이기는 어렵다. 경엽처리제는 실제로 늦게 살포하는 경향이 있다. 대체로 근경이 형성된 다음에 처리되기 쉬우므로 가능한 한 빨리 살포하는 것이 좋다.

쇠뜨기 방제를 위한 선택성 경엽처리제인 디캄바액제(반벨), 벤타존·엠시피에이액제(골드그린S), 메코프로프액제(영일엠시피피), 메코프로프-피액제(초병), 트리클로피르티이에이액제(뉴갈론), 엠시피에이액제(팜가드), 플루록시피르멥틸·트리클로피르티이에이미탁제(하늘아래) 등이 효과적이다. 비선택성 이행형 제초제인 글리포세이트이소프로필아민액제(근사미 등)에는 효과가 떨어진다. 비선택성 제초제 특히 글루포시네이트암모늄액제(바스타, 신스타 등) 또는 합제, 글루포시네이트-피액제(바로바로, 자쿠사) 등을 처리하면 방제할 수 있다.

다. 제비꽃

(1) 생리·생태

제비꽃(*Viola mandshruica*)은 제비꽃과 다년생 잡초로서, 과수원, 생활지주변, 빈터 등은 물론 야산 등에서도 눈에 잘 띈다. 제비꽃은 키가 10cm 정도로서 뿌리에서 긴 잎자루의 잎이 자라서 옆으로 비스듬히 퍼진다. 잎은 창끝형으로서 끝이 둔하고, 자세히 보면 잎자루에 날개가 있다. 개화 전에 나오는 잎과 개화 후에 나오는 잎의 형태가 다르다. 개화 전 잎은 피침형으로서 기부가 편평하지만 개화 후 잎은 대형으로서 넓은 창끝형으로 기부가 심장형이므로 다른 종처럼 보인다. 이른 봄 4~5월에 꽃줄기가 자라서 끝에 옆으로 향한 꽃 1개가 달리며, 짙은 자주색이다. 제비꽃 종자는 가을에 발아를 한 다음 겨울을 보내고 봄에 발생한다. 종자는 토양 속에서 무려 400년 동안을 살아 있을 수 있다고 한다.

제비꽃은 햇빛이 잘 드는 곳을 좋아하며 토성, 비옥도, 산도 등 각종 토양 환경에 적응력이 높다. 제비꽃은 종자와 근경(根莖)으로 번식한다. 종자의 전파는 비, 바람, 동물, 사람에 의해서 전파되기도 하지만 스스로 전파하기도 한다. 열매가 익으면 과피가 세 조각으로 찢어지면서 종자가 튕겨 흩어진다.

제비꽃은 종자를 다른 곳으로 이동하기 위한 수단으로 개미를 이용하기도 한다. 개미들은 제비꽃 종자의 한쪽 끝에 엘라이솜(Elaiosome)이라는 젤리 상태의 지방 덩어리를 좋아한다. 개미들은 그 엘라이솜을 식량으로 생각하고 종자를 가지고 갔다가 엘라이솜을 다 먹으면 종자를 버린다.

(2) 방제

종자가 익기 전에 디캄바액제(반벨), 벤타존·엠시피에이액제(골드그린S), 메코프로프액제(영일엠시피피), 메코프로프-피액제(초병), 트리클로피르티이에이액제(뉴갈론), 플루록시피르멥틸·트리클로피르티이에이미탁제(하늘아래) 등을 경엽에 처리할 수도 있다. 그러나 제비꽃 방제에는 생육초기 플루록시피르멥틸유제(보루) 경엽처리가 더 효과적이다.

라. 토끼풀

(1) 생리·생태

토끼풀(*Trifolium repens*)은 콩과 다년생 잡초로서 종자와 지하경으로 번식한다. 토끼풀 종자는 휴면성이 있으나 휴면이 타파되어도 토양이 건조하면 수분이 종자에서 빠져나가 발아하지 않는다. 토끼풀의 뿌리는 주로 10cm 깊이에 분포하고, 지하부가 지상부보다 더 발달하여 지상부/지하부 비율(T/R율)이 낮다. 토끼풀은 질소 고정 식물로서, 토양에 질소 비료를 살포하면 뿌리혹 형성이 억제되므로 장점이 없어진다. 토끼풀은 키가 15~20cm로서, 전체에 털이 없고, 땅위로 뻗어가는 줄기 마디에서 뿌리가 나오고 잎이 드문드문 달린다. 잎은 3장의 소엽으로 된 복엽이며, 잎에는 여덟팔자(八) 모양의 흰색 반점이 있다. 토끼풀도 생태적으로 약점이 있다. 염류 토양에 견디는 힘이 약하고, 차광에 약하며, 새로운 장소에 파고들어 정착하는 힘이 약한 편이다. 그러나 토끼풀은 인접 식물의 생장을 억제하기 위하여 터펜(Terpene)류라고 하는 타감 물질을 뿌리에서 분비하여 영역을 확장한다.

(2) 방제

잔디밭의 토끼풀을 효과적으로 방제하는 제초제에는 디캄바액제(반벨), 벤타존·엠시피에이액제(골드그린S), 메코프로프액제(영일엠시피피), 메코프로프-피액제(초병), 트리클로피르티이에이액제(뉴갈론), 플루록시피르멥틸·트리클로피르티이에이미탁제(하늘아래) 등이 효과적이다. 글리포세이트이소프로필아민액제(근사미 등)에는 효과가 떨어진다.

마. 새포아풀

(1) 생리 · 생태

포아풀류는 잔디밭, 과수원, 목초지, 비농경지 등에 발생하는 화본과(벼과) 잡초로서, 새포아풀(*Poa annua*), 포아풀(*P. sphondylodes*), 왕포아풀(*P. pratensis*) 등이 있다. 잔디밭에 발생하는 새포아풀은 월년생 잡초로서 주로 늦가을에 발생하고, 이듬해 봄에 왕성한 생장을 하여 5월경에 꽃이 피기 때문에 빨리 방제하지 않으면 종자를 생산한다.

새포아풀은 본래 키가 10~25cm로서 포기가 크게 벌어져 자란다. 잎은 털이 없이 매끄럽고, 가운데 부분이 쭈글쭈글하며, 잎 끝이 둔한 것이 특징이다. 새포아풀은 가을에 싹이 나와 파란 잎이 총생하다가 이듬해 5~6월에 개화한다. 꽃가루가 정상으로서 타가 수분도 하고, 자가 화합성이므로 자가 수분도 한다. 새포아풀 종자는 암 조건에서 전혀 발아하지 않는 광 발아성이다.

포아풀과 왕포아풀은 모두 다년생이다. 포아풀은 키가 50~70cm로서, 겨울에도 밑 부분은 고사하지 않아 녹색을 띠고, 잎새의 기부가 90° 각도로 젖혀지는 것이 특징이다. 왕포아풀은 키가 30~80cm로서, 가늘고 긴 근경이 옆으로 뻗으면서 뭉쳐서 자라고, 목초로 재배되던 것이 밖으로 나와서 잡초가 된 것으로, 근경이 발달되어 있기 때문에 토양 침식 방지용으로 이용되기도 한다.

(2) 방제

일년생 화본과(벼과)잡초인 새포아풀 경우에는 작물 파종이나 이식 후에 토양처리 제초제의 살포로 억제시킬 수 있으며, 발생 후에는 화본과(벼과)잡초 방제용 경엽처리형의 제초제로 방제가 가능하다. 밭작물 재배포장에서는 클레토딤유제(셀렉트), 페녹사프로프-피-에틸유탁제(푸로레), 프로파퀴자포프유제(아질), 플루아지포프-피-뷰틸유제(뉴원싸이드) 등을 2~3엽기 때 처리한다.

잔디밭에서는 국내에서 개발한 메티오졸린유제(포아박사)를 발생초기에 살포하면 선택적으로 새포아풀만 방제할 수 있다. 또 아슐람소듐액제(아지란), 이마자퀸액제(톤앞) 등으로도 방제된다. 또 플라자설퓨론수화제(파란들)는 생육초기(3엽기 때)에 처리하면 경엽처리 효과뿐만 아니라 토양처리 효과도 높다. 잔디밭에 사용하는 경엽처리제는 봄철 발생초기 및 가을철에 이르기까지 방제할 수 있는 시기와 처리방법이 다양하다.

바. 이끼류

(1) 생리 · 생태

이끼류는 엽상식물로서, 주로 음지나 습지에서 서식하는 우산이끼, 솔이끼 등을 말한다. 양치식물이나 종자식물과는 달리 관다발 조직이 없고, 잎, 줄기 뿌리도 없다. 조건이 알맞아 발생하기 시작하면 번식과 확산이 빠르고 근절시키기 어렵다. 잔디밭에 발생하면 잔디 생장을 억제한다.

(2) 방제

잔디밭에서 이끼방제용 제초제로는 퀴노클라민입상수화제(헬시론)가 있다. 그리고 살균제 중 옥시테트라사이클린 · 스트렙토마이신황산염수화제(아그리마이신), 코퍼옥시클로라디드 · 가스가마이신수화제(가스란), 코퍼하이드록사이드 · 스토렙토마이신수화제(타미나)도 조류방제 효과가 있다.

06

비농경지 잡초

가. 가시박

(1) 생리·생태

가시박(*Sicyos angulatus*)은 북아메리카가 원산지인 박과 일년생 잡초이다. 가시박은 강변, 하천부지, 철로변, 황무지 등에서 많이 자라며, 햇빛이 잘 드는 곳을 좋아하고 거의 모든 토양에서 잘 자란다. 가시박은 5월 중순에 발생하기 시작하여 7월부터 급격히 신장하여 길이가 5~8m까지 자라며, 3~4개로 갈라진 덩굴손으로 다른 물체를 감고 올라간다. 그후 8월부터 개화하기 시작하여 개화 후 약 10일이 지나면 결실한다. 종자 생산량은 주당 400~500개 정도이다. 가시박은 전년에 발생한 장소에서 더 왕성하게 자라므로 한번 침입하면 제거하기가 힘들다.

(2) 방제

가시박은 덩굴성인 관계로 덩굴손을 뻗으면 낫 등으로 밑둥치를 잘라서 종자생산을 하지 못하게 하는 것이 무엇보다 중요하다.

비농경지에 서식하는 가시박은 특성으로만 보면, 시마진수화제(씨마진 등), 리뉴론수화제(아파론, 한사리) 등의 토양 처리제로 방제가 가능하지만, 서식지 여건으로 보아 경엽처리제를 사용할 수밖에 없다.

가시박은 비선택성 경엽처리제로 충분히 방제가 가능하다. 경엽처리제로는 글루포시네이트암모늄액제(바스타, 신스타 등), 글루포시네이트-피액제(바로바로, 자쿠사) 등을 고르게 살포하면 쉽게 제거할 수 있고, 글리포세이트이소프로필아민액제(근사미 등) 단제 또는 합제 등 이행성 비선택성 제초제로 방제할 수 있다. 선택성 경엽처리제인 디캄바액제(반벨), 벤타존·엠시피에이액제(골드그린S), 메코프로프액제(영일엠시피피), 메코프로프-피액제(초병), 트리클로피르티이에이액제(뉴갈론), 플루록시피르멥틸·트리클로피르티이에이미탁제(하늘아래) 등이 효과적이다. 그러나 상수원보호구역 또는 강변에 발생하는 가시박을 방제하기 위해 제초제를 사용하는 것은 사회적인 합의가 없으면 곤란하다.

나. 갈대

(1) 생리·생태

갈대(*Phragmites australis*)는 물가에 서식하는 화본과(벼과) 다년생 잡초로서 대형이다. 갈대 1주에 붙어 있는 지하경의 총 길이가 약 20m나 되고, 무게가 지상부의 3배까지 되는 잡초이다. 갈대는 줄기와 지하경 속의 넓은 공간에 공기를 저장해 두었다가 호흡에 활용하면서 끊임없이 물질을 생산한다. 지하경은 대부분 40cm이내에 분포하고 있으나, 뿌리는 60cm까지 뻗어있다.

흔히 갈대와 억새를 혼동한다. 갈대는 키가 2~3m나 되지만, 억새(*Miscanthus sinensis* var. *purpurascens*)는 1~1.5m에 불과하다. 갈대는 엽폭이 2~4cm로 넓지만, 억새는 1~2cm로 좁다. 더 크게 다른 점은 이삭이 갈대는 자색이고 원추형이지만, 억새는 황색 또는 백색(참억새)이고 산방형이다. 즉, 이삭이 부채살처럼 벌어져 있다.

갈대와 달뿌리풀을 혼동하기도 한다. 갈대는 달뿌리풀(*Phragmites japonica*)과도 비슷하다. 달뿌리풀은 갈대보다 더 깨끗한 물에서 자라고 갈대보다 줄기가 더 가늘다. 물론 갈대와 달뿌리풀의 키가 비슷하여 2~3m 정도 된다. 갈대는 줄기가 녹색이고, 줄기에 털이 없으며, 잎 길이가 20~50cm인데 비하여, 달뿌리풀은 줄기가 자색을 띠고, 줄기에 털이 많고, 잎 길이가 10~30cm로서 짧기 때문에 유심히 보면 구별할 수가 있다.

(2) 방제

갈대, 달뿌리풀, 물억새와 같은 대형 화본과(벼과)잡초를 성공적으로 방제한다는 것은 쉬운 일이 아니다. 발생원 전체를 한꺼번에 방제해야 하기 때문이다. 지하경이 깊기 때문에 이행형 경엽처리제가 아니면 어렵다. 6~9월 사이에 갈대가 2/3 이상 수면 위로 나오도록 물을 뺀 다음 이행형 비선택성 제초제 글리포세이트이소프로필아민액제(근사미, 근초대왕 등) 단제 또는 합제를 살포하면 방제 가능하다.

다. 나도겨풀

(1) 생리 · 생태

수로(水路)에 서식하는 나도겨풀(*Leersia japonica*)은 지하경과 종자로 번식하는 화본과(벼과) 다년생 잡초이다. 5~11월 사이에 생장하고, 꽃은 9~10월에 핀다. 나도겨풀은 논둑 근처나 수로에서 서식하다가 논으로 들어가면 더욱 문제가 되므로 수로에서 방제하는 것이 좋다.

(2) 방제

나도겨풀은 포복경에서 새로운 뿌리를 내면서 옆으로 뻗어가고, 지하경으로 번식하기 때문에, 갈대나 줄풀처럼 이행형 경엽처리형 제초제가 아니면 완전방제가 어렵다. 지하경이 비교적 얕기 때문에 생육초기에는 글루포시네이트암모늄액제(신스타, 바스타 등)나 글루포시네이트-피액제(바로바로, 자쿠사 등) 처리로 살초 효과를 볼 수 있으나, 생육 중후기에 방제하려면 갈대에서처럼 고농도(60~70배)의 글리포세이트이소프로필아민액제(근사미 등) 단제 또는 합제를 골고루 묻도록 처리하면 방제가 가능하다.

논에 발생할 경우에는 메타조설퓨론 · 벤조비사이클론직접살포정제(마타킹), 아짐설퓨론 · 벤조비사이클론 · 메타미포프입제(만능손) 등과 같은 토양처리제를 이앙 후 15일경에 살포하면 방제되고, 생육 초기에는 사이할로포프뷰틸유제(크린처), 페녹사프로프-피-에틸유제(매드시) 살포로도 방제된다.

라. 단풍잎돼지풀

(1) 생리 · 생태

단풍잎돼지풀(*Ambrosia trifida*)은 외래 잡초로서 국화과 일년생 잡초이다. 단풍잎돼지풀은 일년생이면서도 다년생처럼 경쟁력이 아주 높다. 발아가 빠르고, 초기생장이 왕성하고, 키가 크고, 잎도 크기 때문에 햇빛 경쟁에 유리하기 때문이다. 단풍잎돼지풀이 우거지면 햇빛을 막기 때문에 옆에 있는 식물은 빛을 받지 못하여 자라지 못한다.

단풍잎돼지풀 뿌리는 타감 물질까지 분비하면서 다른 식물의 생장을 억제한다. 종자 생산량은 적은 편으로서 보통 1주당 200여 개의 종자를 생산한다. 성숙한 종자는 땅에 떨어지거나 식물체에 붙어있는 상태로 월동한다. 단풍잎돼지풀 종자는 휴면성이 있고 광 요구성이 강하다. 휴면성이 있기 때문에 기회주의적 생존이 가능하고, 광 발아성이므로 교란된 지역에서 군락을 이루며 산다.

(2) 방제

단풍잎돼지풀은 일년생잡초이므로 약제가 뿌리까지 이행되어야 방제되는 잡초는 아니다. 따라서 접촉형 비선택성 제초제 글루포시네이트암모늄액제(신스타, 바스타 등)나 글루포시네이트-피액제(바로바로, 자쿠사 등) 등으로 경엽처리하면 환경오염 우려 없이 안전하게 방제할 수 있다. 단풍잎돼지풀의 생육 왕성기인 8월 상순~하순경 25cm 이하 높이로 예취하면 재생하기 어렵다.

마. 띠

(1) 생리 · 생태

띠(*Imperata cylindrica*)는 화본과(벼과) 다년생 잡초로서 4-9월에 걸쳐 생장한다. 키는 80cm 정도로서 5월에 개화하여 잎보다 꽃이 먼저 핀다. 띠는 포기를 만들지 않고 뿌리를 종횡으로 뻗으면서 번식한다. 띠는 특별한 장소를 제외하고는 방제 대상이 아니라 토양 침식을 방지하는 식물로서 사면지에서 유용한 식물이다. 띠는 한번 침입하면 손제초로는 완전 방제가 불가능하고, 띠를 제거하기 위해 불을 놓거나 경운을 하면 오히려 번식이 촉진된다. 절단된 지하경이 최소 2마디만 있어도 완전한 띠로 재생할 수 있다.

(2) 방제

잔디밭에서 띠만을 효과적으로 방제할 수 있는 제초제는 트리플록시설퓨론소듐 입상수화제(모뉴먼트)이다. 이 제초제는 바랭이, 띠는 3엽기이내, 제비꽃, 토끼풀 등 광엽잡초는 5cm 정도일 때, 파대가리, 향부자 등 방동사니과 잡초는 4~5엽기 때 처리하면 좋다. 비농경지에서 띠 방제는 억새와 같은 방법으로 이행형 비선택성 제초제 글리포세이트이소프로필아민액제(근사미, 근초대왕 등) 단제 또는 합제 등으로 어렵지 않게 방제된다. 띠는 초장이 40cm 정도일 때 세톡시딤유제(나브) 처리로 효과적으로 방제할 수 있으나, 어독성이 높은 약제이므로 주로 수로에 서식하는 갈대나 줄풀에는 사용에 유의해야 한다.

바. 메꽃

(1) 생리 · 생태

메꽃(*Calystegia japonica*)은 덩굴성이고 메꽃과 다년생 잡초로서 3~10월 사이에 생장하고, 6~8월에 개화한다. 종자는 땅속에서 9년까지 생존할 수 있으며 5~35℃ 사이에서 발아한다. 발생하면 대개 처음 1년은 꽃이 피지 않으며, 줄기는 1년에 10m까지 뻗으며 자라다가, 지하경에 양분을 저장하고 월동한다. 가는 백색의 지하경이 옆으로 뻗으면서 넓게 번식한다.

메꽃은 비가 많이 오면 싹이 나와 인접 식물이나 울타리 등을 감고 올라가서 경관을 해친다. 절단된 지하경에서도 새눈이 나온다. 여름이 지나면 지하경에 양분을 저장하고, 지상부는 고사하므로 제초제는 고사하기 전에 처리해야 한다.

(2) 방제

메꽃류는 다년생이므로 이행형 경엽처리제로 방제해야 하지만, 플루록시피르멥틸미탁제 · 클로피르티이에이(하늘아래), 디캄바액제(반벨), 벤타존 · 엠시피에이액제(골드그린S), 메코프로프액제(영일엠시피피), 메코프로프-피액제(초병), 트리클로피르티이에이액제(뉴갈론), 엠시피에이액제(팜가드) 등의 호르몬형 제초제의 효과가 더 좋다. 글리포세이트이소프로필아민액제(근사미 등) 등에 의해서도 방제되지만 만족스럽지는 못하다.

사. 억새

(1) 생리 · 생태

억새(*Miscanthus sinensis* var. *purpurascens*)는 야산, 제방, 밭둑 등에 군락을 이루면서 자라는 화본과(벼과) 다년생 잡초이다. 억새는 땅속줄기의 마디에서 싹이 나오므로 끊임없이 양분을 공급 받을 수 있다. 뿐만 아니라, 올라오는 싹의 마디가 대단히 짧아서, 각 마디에서 나오는 엽초가 줄기를 몇 겹으로 감싸고 있으므로 힘이 강해서 아스팔트까지도 뚫고 올라오기도 한다. 억새는 시들망정 쓰러지지 않는다. 억새에는 규산이 많이 들어있어서 줄기와 잎 조직이 강하고, 그물처럼 받치고 있는 땅속줄기에 지상부가 강하게 연결되어 있기 때문이다. 억새는 잎 가장자리가 유리처럼 날카로워서 만질 때 손을 베일 정도로 강하다.

억새와 참억새(*M. sinensis*)의 2종에는 큰 차이가 없다. 2종 모두 야산, 제방, 밭둑 등에 군락을 이루면서 살고 있는 다년생 풀이다. 다만, 억새에는 제1포영에 4줄의 맥이 있고, 참억새에는 없다. 또 억새는 잔이삭 밑 부분에 나는 털이 황색이고 참억새는 백색이다. 이 정도 차이라면 억새와 참억새를 억새라고 해도 좋을 것 같다.

(2) 방제

억새는 수로에 서식하는 갈대나 줄풀에 비해 방제가 용이하다. 이행형 비선택성 제초제 글리포세이트이소프로필아민액제(근초대왕, 근사미 등)나 글루포시네이트-피액제(바로바로, 자쿠사 등) 접촉성 제초제 처리로 방제된다. 억새는 초장이 40㎝ 정도일 때 세톡시딤유제(나브) 처리로도 방제된다. 세톡시딤유제(나브)은 어독성이 높은 약제이므로 물가에서 사용할 때에는 유의해야 한다.

아. 환삼덩굴

(1) 생리·생태

환삼덩굴(*Humulus japonicus*)은 전국 어디에서나 흔히 볼 수 있는 덩굴성 삼과 일년생 잡초이다. 생장이 대단히 빠르고 길이가 3m 이상 된다. 줄기는 4각형이고 아래로 향한 잔가시가 있어서 거칠다. 잎과 잎자루에도 잔가시가 있고, 잎 양쪽 면에 거친 털이 있다. 환삼덩굴은 칡이나 며느리배꼽처럼 기어가거나, 나무를 타고 올라가는데 시계 반대방향으로 감는다.

환삼덩굴은 가을에 많은 꽃가루를 생산하는데, 그 꽃가루에는 돼지풀 꽃가루처럼 알레르겐(Allergen)이 많아, 꽃가루가 호흡기로 들어가거나 피부에 접촉하면 화분증에 걸릴 수도 있다.

(2) 방제

비농경지에 자라는 환삼덩굴은 사실상 발아전 처리제를 사용하기가 어렵기 때문에 생육기에 경엽처리제로 방제할 수밖에 없다.

환삼덩굴은 일년생잡초이므로 글루포시네이트암모늄액제(신스타, 바스타 등), 글루포시네이트-피액제(바로바로, 자쿠사 등) 접촉성 제초제를 고르게 살포하면 쉽게 제거할 수 있고, 글리포세이트이소프로필아민액제(근사미 등)의 단제 또는 합제 등 이행성 제초제를 부분 처리하면 방제할 수 있다. 비농경지에서는 디클로베닐입제(카소론), 디클로베릴·이마자퀸입제(키이저), 옥시플루오르펜유제(고올, 꼭부티) 등과 같은 토양처리제를 살포하면 발생을 억제시킬 수 있다.

MEMO

chapter 4

귀농인을 위한
잡초방제

01

잡초방제의 원리

농작물은 어릴 때는 외부로부터 수분이나 양분의 요구량이 적어 인접한 곳에 어린 잡초가 있더라도 거의 경합하지 않는다. 또한, 생식생장기에 접어들면 외부로부터 수분이나 영양의 의존도가 감소하고, 인접한 잡초의 노쇠와 함께 채광조건이 개선되면서 경합정도가 감소하게 된다. 따라서 파종 또는 이식(移植, 옮겨심기) 후 초관형성까지와 생식생장기 이후 수확기 까지는 잡초경합에 의한 수량 손실이 적고, 이들 두 시기 사이에는 잡초와 양분, 수분, 광 등의 경합을 벌이게 된다. 따라서 파종 또는 이식 후 초관형성기까지와 생식생장기 이후 수확기까지를 잡초 경합허용기간이라 하고, 이들 두 시기사이를 잡초경합한계기간이라고 한다. 잡초경합 한계기는 작물, 품종, 이식과 직파작물, 또는 소립종자와 대립종자 작물, 재배방법(재식밀도, 재배시기, 시비량 등) 등에 따라서도 상당한 차이가 있다.

벼 재배유형별로 잡초경합 한계기를 보면 기계이앙 벼는 잡초경합허용기간은 이앙 후 약 49일간, 또는 이앙 후 35일 이후로서 두 기간으로 설정되며, 이는 이앙 후 35일까지 잡초 방제를 하면 그 이후에 발생하는 잡초는 수량에 영향을 주지 않으며, 또한 이앙 후 49일까지 잡초와 경합할 경우도 수량에 영향을 주지 않는다는 것으로 이앙벼는 잡초 경합력이 크다는 것을 의미한다. 담수직파 벼는 잡초 경합한계기간이 파종 후 35일부터 약 50일까지로 이 기간에는 반드시 철저한 잡초방제가 되어야 수량 감소가 없다는 것이다. 파종 후 35일 이후부터는 잡초방제를 하지 않으면 수량이 급격히 감소하고, 70일 정도 경합하면 수량이 50%정도 감수된다. 잡초방제를 전혀 하지 않을 경우에는 거의 수확을 할 수가 없다(표 44).

건답직파 재배 벼는 잡초경합한계기간이 파종 후 42일부터 63일까지로 담수직파 벼보다 늦고 기간이 긴 것은 건답기간에는 잡초나 벼 모두 생육량이 적어 경합이 적기 때문이다.

파종 후 42일 이후까지 잡초방제를 하지 않으면 수량이 급격히 감소하며, 73일 정도 경합하면 수량이 50%정도 감수하고, 잡초방제를 전혀 하지 않을 경우는 담수직파와 마찬가지로 거의 수확을 할 수가 없다. 따라서 이앙한 벼와 직파한 벼의 잡초 경합한계기의 차이는 이앙한 벼는 수관형성이 빨라 초기 잡초 경합력이 직파한 벼보다 크기 때문이다. 따라서 직파한 벼는 잡초방제의 중요성이 크게 강조되고 있는 것이다.

(표 44) 작물별 잡초방제 한계기

작물명	한계 기간 (파종 후 일수)	작물명	한계기간 (파종/이앙후일수)
옥수수	49	손 이앙 벼	28
콩	42	기계 이앙 벼	35
녹두	21~35	담수 직파 벼	49
땅콩	42	건답 직파 벼	63
양파	56	–	–

02

잡초방제의 경제성

농업도 경제 활동으로서 수익성이 강조되어야 하며 모든 잡초방제도 경제 원칙에 의하여 선택되고 수행될 수밖에 없다. 따라서 잡초방제의 기술, 방법, 횟수, 시기 등의 선택은 철저하게 경제성이 결부되어야 한다. 그래서 우리는 수량, 작업 등에 영향을 주지 않을 정도, 즉 경제적 허용 수준의 잡초는 방제할 필요가 없는 것이다.

03

잡초방제 방법

가. 예방적 방제

발생된 잡초는 번식체인 종자나 영양체를 형성하기 때문에 이들의 생성자체를 막는 것이 가장 기본적이고 장기적으로 효과적인 잡초방제의 방법이다. 이를 위해서는 번식체인 종자나 영양체 형성을 억제시키기 위한 철저한 재배관리(품종, 재식밀도, 시비방법, 경운, 물관리, 작부체계, 종자 및 영양체 형성전 방제, 수확 후 관리 등)가 수행되어야 하며 또한 종자정선, 농기구 청결, 수로관리, 토양관리 등으로 종자나 영양체의 유입을 막아야 한다. 그리고 농산물을 손질할 때 검역, 검사를 철저히 하여 외국으로부터의 유입을 막아야 한다.

나. 생태적 방제법

생태적 방제법을 재배적 또는 경종적 방제법이라고도 하며 이들은 윤작, 육묘 이식 재배, 적절한 작목 및 품종 선정, 적정 재식 밀도, 피복 작물 이용, 병충해 방제, 적정 시비, 작물에 적합한 토양 산도 유지, 관배수 조절, 제한 경운 등으로 인하여 생태적으로 작물이 잡초보다 경합력이 크도록 재배 관리하는 방법이다(표 45, 46).

(표 45) 벼 재식밀도별 너도방동사니의 증식량

벼 재식 밀도 (주/m²)	너도방동사니 (개/m²)	벼 재식 밀도 (주/m²)	너도방동사니 (개/m²)
13.9	207	22.2	88
18.5	168	27.8	78

(표 46) 동일 작물별 연속 재배 시 잡초의 발생량 변화

조사 시기	작물	발생 수(개/m²)		
		바랭이	여뀌	쇠비름
1년차	밭벼	20	0	12
	땅콩	25	2	7
	콩	24	2	5
	옥수수	23	1	10
2년차	밭벼	117	50	95
	땅콩	290	16	66
	콩	79	5	10
	옥수수	53	4	20

다. 물리적 방제법

물리적 방제법은 기계적 방제법이라고도 하며 이는 발생된 잡초나 휴면 중인 잡초의 종자 및 영양 번식체를 손 제초, 경운, 예취, 피복, 소각 등 열처리, 침수 처리 등으로 물리적인 힘을 가하여 가해, 억제, 사멸시키는 방법이다.

라. 생물적 방제법

생물적 잡초방제법은 기생성(寄生性), 식해성(植害性), 병원성을 지닌 생물을 이용하여 잡초의 밀도를 적게 하는 수단을 말하며 이들은 곤충, 특정 잡초만을 가해하는 병원균, 각종 물에서 사는 잡초를 가해하는 어패류, 왕우렁이 등 잡초의 생장을 억제시키는 특정 식물 등을 이용하여 잡초를 방제하는 것을 말한다. 이상 나열한 잡초방제 방법들은 환경 농업 측면에서도 최근 많이 활용되고 있으며, 폭

넓은 연구를 필요로 한다.

마. 화학적 방제법

화학적 잡초방제법은 제초제 등 화학 물질을 사용하여 제초하는 것을 의미한다.

바. 종합적 방제법

잡초방제는 결국 비용과 노력을 고려하여 작물의 생산성 향상에 목표를 두고 방제 여부와 각종 방법이 선택되어야 한다. 따라서 잡초는 병충해 방제와 달리 완전 박멸시킨다는 개념보다는 경제적 허용 범위까지만 방제를 하면 되는 것이다. 최근에는 제초제의 발달로 쉽게 잡초방제를 할 수 있기 때문에 거의 화학적 방제에 의존하여 잡초를 방제하고 있으며 이로 인한 약해, 환경오염 문제 등이 대두되고 있다.

따라서 이러한 문제가 적은 예방적, 생태적, 물리적, 생물적 방법을 최대한 잘 이용하고 최소한의 화학적 방제를 가미하여 잡초를 방제하는 것이 종합적 잡초방제법이라고 할 수 있다.

04

귀농인을 위한 잡초방제

우리나라에서 귀농·귀촌하는 가구는 2000년대에 들어와 서서히 증가하여 2015년말 기준으로 12,114세대가 귀농하였다고 한다(통계청, 2016). 이렇게 많은 귀농인 가운데 현지에서 성공적으로 정착하는 성공률은 1% 정도라고 한다.

귀농인이 농업을 영위하는 데 농지, 농가 주택, 영농 자금, 법적인 문제 등 해결해야 하는 일이 많이 있지만, 많은 귀농인이 소득 작목 등을 재배하는 데 제일 문제되는 것은 역시 잡초방제이다. "농사는 잡초와의 전쟁이다"라는 말과 같이 조그마한 텃밭을 가꿔도 잡초가 문제이고, 농가 주택에 딸린 잔디에도 어김없이 잡초가 발생하여 골치 아프다. 그러므로 귀농인이 알아야할 잡초와 제초제에 대하여 질의(Question, Q)·응답(Answer, A)으로 정리하였다.

가. 잡초 분야

Q. 잡초와 풀은 어떻게 다른가?

A. 잡초와 풀의 관계는 해충과 벌레, 맹수와 짐승의 관계와 비슷하다. 잡초는 풀이지만, 풀은 잡초가 아니다. 잡초는 풀의 일부이다.

· 잡초를 보통 '원하지 않는 곳에 자라는 풀', 또는 '이용 가치가 발견되지 않은 풀'이라고 한다. 그러나 모두가 인간의 입장에서 구분한 것이어서 분명한 한계가 없다.

· 잡초는 근성이 있는 풀이고, 근성을 잡초성이라고도 한다. 잡초성이 없으면 잡초가 아니라 풀이다. 다만 잡초성이 무엇이고, 그것을 어떻게 아느냐 하는 것이 문제이다.

Q. 잡초의 잡초성이란 무엇인가?

A. 잡초성이란 잡초의 근성이다. 중요한 잡초성에는 3가지가 있다. ① 잡초 종자는 땅속에서 오래 생존할 수 있고, ② 잡초 종자는 광 발아성으로 땅 위로 올라와야 발아할 수 있고, ③ 잡초 종자는 휴면성이 복잡하여 발생 기간이 길다.

· 그 밖의 잡초성에는 ④ 종자 생산량이 많고, ⑤ 발아가 불균일하고, ⑥ 개화가 빠르고, ⑦ 자가 수정을 하고, ⑧ 종자 생산 기간이 길고, ⑨ 종자의 전파 수단이 다양하고, ⑩ 경합 기능이 특이하고, ⑪ 발취 저항성이 있다. 이러한 잡초성은 하나하나가 아니라 종합적이고, 절대적인 것이 아니라 상대적이다.

Q. 잡초는 언제나 방제 대상인가?

A. 잡초에 대한 인식은 시대에 따라 변화되고 있다. 예전에는 잡초란 주로 방제해야 할 대상으로 인식하였다. 그러나 이제는 잡초란 반드시 피해만 주는 것이 아니라 자연 환경에 미치는 긍정적 효과가 아주 클 뿐만 아니라, 여러 분야에서 이용 가능성도 아주 높은 것으로 인식하고 있다(표 48).

· 따라서 잡초란 방제 대상이면서도 가치를 아직 모르고 있거나 용도가 아직 발견되지 않은 풀로서 인식하고 있다. 설령 농경지에서 피해를 준다고 해도, 완전 방제가 아닌 경제적 피해 수준 이하로 관리해야 한다는 인식으로 변화되고 있다.

· 그러나 잡초를 적극적으로 이용하려면, 잡초마다 특유의 잡초성이 있으므로 이용 장소에서 벗어나지 않도록 주의하지 않으면, 의외로 나중에 농업적, 사회적 또는 환경적으로 영향을 줄지도 모른다.

Q. 잡초를 이용할 수는 없는가?

A. 작물과 잡초는 다르다. 그러나 놀라울 정도로 진화한 식물들이라는 관점에서는 같다. 어저귀나 달맞이꽃과 같은 잡초는 작물이었다가 인간의 관리에서 벗어나 잡초가 되었고, 잔디나 토끼풀과 같은 잡초는 인간의 눈에 들어 작물이 된 것이다.

· 잡초는 각각의 특성을 가지고 있고, 그 특성은 잡초의 종류만큼이나 다양하다. 따라서 잡초의 이용 가능성은 식물의 형태적, 생태적, 생리적, 생화학적 관점에서 다음과 같이 구분할 수가 있다

(표 47) 잡초의 이용 분야

이용 분야	이용 가능성
형태적 특성	− 어메니티 자원(민들레, 토끼풀 등) − 경관 자원(억새, 씀바귀, 쑥부쟁이, 뱀노랑이 등) − 바이오매스 자원(갈대, 줄풀, 칡 등)
생태적 특성	− 잡초 억제, 토양 피복용(얼치기완두, 토끼풀, 들묵새 등) − 사면 녹화용, 토양 유실방지용(포아풀, 띠 등) − 수생 어류 서식처용(수생 잡초)
생리적 특성	− 수질 정화용(미나리, 개연꽃, 마름, 꽃창포, 부들, 부레옥잠 등) − 염류 제거용(도꼬마리, 쇠뜨기말 등) − 중금속 제거용(쑥, 개구리밥 등)
생화학적 특성	− 약용(제비꽃, 괭이밥, 쇠무릎, 이질풀, 쑥 등) − 방향용(쑥, 참방동사니, 족제비쑥, 들깨풀 등) − 식용(질경이, 쇠뜨기, 민들레, 토끼풀, 쇠비름 등) − 비료용(콩과잡초, 개구리밥 등) − 살균용(사철쑥, 쇠뜨기, 차즈기 등) − 살충용(미나리아재비, 애기똥풀 등) − 제초용(하늘타리, 억새, 헤어리베치 등)

Q. 잡초는 방제를 해도 왜 계속 나오는가?

A. 잡초 종자는 크기가 작고, 생산량이 많고, 이동성이 높고, 휴면성이 복잡하고, 그리고 오래 생존할 수 있다. 가을에 땅 위에 떨어진 많은 잡초 종자는 경운, 정지 등의 작업을 할 때 땅속으로 들어가기도 한다.

· 종자가 어쩌다가 땅 위로 올라오더라도 휴면에서 깨어난 종자만 발아할 수
있다. 땅속에 묻힌 종자는 휴면에서 깨어났다 하더라도 햇빛이 없으면 발아
할 수 없다.
· 이와 같이 수많은 잡초종자가 땅속에 있으면서 다음 기회를 엿보고 있다. 따
라서 잡초는 끊임없이 뽑고, 매고, 약제를 뿌려도 계속 나오게 된다.

나. 잡초 관리 분야

Q . 잡초는 기본적으로 어떻게 관리해야 하는가?
A . 잡초는 사실 무리하게 완전히 방제해야 할 대상은 아니고, 근절할 수도 없다.
경제적 피해 수준 이하로 관리하면 충분하다. 그러므로 한 가지의 자재나 수
단으로 관리하는 것보다는 여건에 따라 종합적인 방법으로 관리하는 것이 환
경에 안정적이고 장기적인 수단이다.
· 잡초를 관리하는 방법에는 자재와 수단에 따라, ① 생태적 관리법, ② 물리적
관리법, ③ 생물적 관리법, ④ 화학적 관리법, ⑤ 종합적 관리법으로 구분한다.

Q . 친환경 농업에서 잡초 관리는 어떻게 해야 하는가?
A . 유기농업에서는 유기합성 제초제를 전혀 사용할 수 없다. 따라서 기본적으로
화학적 방법이 아닌, 생태적, 물리적, 생물적 방법으로 경제적 피해수준 이하
로 잡초를 관리해야 한다.
· 만일 농자재를 사용하여 잡초를 관리하려고 한다면 화학적 방법이 아닌 물리
적 방법으로 만든 천연 물질을 사용하여야 하며, 그 천연 물질이라 하더라도
친환경농업육성법에 규정된 사용 가능 자재와 사용 조건에 따라야 한다.
· 법규에 따라 사용 가능 자재와 조건에 맞는 물질이라고 하더라도, 제조 판매
하는 상품에 대해서는 더욱 엄격히 규정하고 있다. 친환경 유기농 자재로서
제조 판매하고자 할 경우에는 심의위원회의 심의를 거쳐 친환경 유기농 자재
목록으로 공시된 상품으로 제한하고 있다.

다. 제초제 분야

Q. 잡초 관리에서 꼭 제초제를 사용하여야 하는가?

A. 위에서 언급한 바와 같이, 잡초를 관리하는 방법에는 여러 가지가 있다. 텃밭이나 주말 농장과 같은 소규모 농업에서는 손으로 잡초를 제거하거나 비닐 피복 등을 실시하여 잡초 발생을 막을 수 있다.
- 그러나 대규모적인 영농 규모에서는 제초제를 사용하는 것이 잡초를 효율적으로 관리할 수 있는 방법 중의 하나이다. 몇 천 평이나 되는 논이나 밭에 발생하는 잡초를 사람 손으로 제초한다면, 시간과 비용이 상상을 초월할 것이다.

Q. 제초제는 안전한가?(모든 제초제는 먹으면 죽는가?)

A. 제초제는 무조건 고독성이고 환경에 크게 영향을 미치는 것으로 인식하고 있다. 친환경 농업에서도 제초제는 전혀 사용할 수 없도록 되어있다. 그렇게 된 이유가 있다. 제초제는 살균제나 살충제처럼 살포 횟수나 사용량을 절반으로 줄일 수도 없고, 살포 시기를 수확 전 100일에서 수확 전 200일 등으로 앞당길 수도 없다. 그 이유로 저농약 재배에서도 제초제는 사용할 수 없도록 한 것이다. 제초제 독성이 훨씬 강해서 그렇게 규정한 것이 아니다.
- 그럼에도 불구하고 제초제는 독성이 강한 것으로 인식하고 있다. 그 이유는 ① 제초제라고 하면 그라목손(Paraquat)이나 고엽제(Agent orange, 2, 4, 5-TP, 불순물로서 Dioxin 함유)를 연상하게 되고, ② 그라목손을 사람이 마셨을 때의 높은 치사율과 고엽제 노출로 인한 엄청난 후유증을 볼 때 제초제는 고독성인 것으로 생각하게 된다.
- 현재 사용 중인 제초제 중에는 마셨을 때 치사율이 높은 제초제는 없다. 또 후대까지 영향을 주는 제초제도 현재 전 세계적으로 폐기되어 없다.
- 그라목손은 자의로 먹어 사람이 죽는 관계로 사회적인 물의를 일으켜 2012년 10월 31일자로 등록 취소되어 우리나라에서는 완전히 사라졌다. 그러므로 우리나라에는 사람이 먹으면 죽는 제초제는 하나도 없다.

Q. 제초제 사용은 어려운 것인가?

A. 비선택성 제초제는 비교적 사용하기 쉬운 편이다. 잡초 생육기에 날리지 않도

록 뿌리기만 하면 되기 때문이다. 그러나 농경지에서 발아 전이나 발생 초기에 처리하는 토양 처리제를 사용하는 것은 쉽지가 않다. 일반적인 토양 조건이나, 평년 기상 조건이라고 해도 결코 쉽지는 않다.

· 사실 걱정부터 앞선다. 그 많은 제초제 중에서 어떤 것이 발아 전 처리제이고, 어떤 것이 발생 초기 처리제인지? 그 중 해당 작물에 약해가 없는 제초제가 과연 있는지, 아니면 없는지? 만일 없다면 어떻게 해야 하는지? 또 있다면 무엇이 좋은지, 있다 해도 언제 얼마나 어떻게 뿌려야 하는지? 표준량만 뿌리면 모든 잡초가 정말로 방제되는지, 만일 안 된다면 어떻게 해야 하는지? 재살포는 할 수 있는지? 만일 안 된다면 어떻게 해야 하는지? 그리고 독성이나 잔류 문제는 없는지? 하나도 모르겠다는 생각이 든다.

· 이와 같이 제초제를 사용하여 잡초를 못나오게 하거나, 자라지 못하도록 하면서 작물에는 피해가 없도록 하는 것은 결코 쉬운 일이 아니다. 그렇다고 반드시 어려운 일은 아니다. 먼저 적합한 제초제가 무엇인지 소개를 받은 다음, 처리층 형성에 대해 조금만 이해하면 제초제 사용은 의외로 간단한 편이다.

Q. 제초제 종류는 왜 많고 이름이 복잡한가?

A. 제초제뿐만 아니라 모든 농약은 일반명, 품목명, 상표명의 3종류의 이름이 있다. 약제의 효과는 유효 성분이 발휘하는데, 그 성분 이름을 일반명이라고 하고, 국제적으로 통용되는 이름이다. 또 농약을 등록할 때에는 다른 약제와 구분되고 혼동되지 않도록 일반명으로 표기해야 하는데 이것이 품목명이다. 한 제품에 여러 성분이 들어있는 혼합제는 품목명이 더 길어질 수도 있다. 그래서 품목명은 어렵고 혼란스러울 수밖에 없다.

· 논과 밭에는 수많은 종류의 잡초가 있고, 제초제 성분은 종류마다 특성이 다르기 때문에 한 가지 성분의 제초제만으로 모든 잡초를 방제하기 어렵다. 뿐만 아니라 성분마다 화학적 특성이 다르기 때문에 제형도 달라져야 한다. 또 실제 사용되는 제초제 하나하나가 상품이므로 회사마다 다른 상표를 갖게 된다. 따라서 제초제 종류는 많고 복잡하게 된다.

Q. 제초제가 토양에 처리되면 어떻게 변화되는가?

A. 토양에 제초제가 처리되면 물리적, 화학적, 생물적 요인에 의해서 여러 가지

로 변화되는데, 그 속도와 정도는 제초제에 따라 다르다. 그러나 처음에는 대략 다음과 같은 비율로 변화되다가, 시간이 지나면 물리적으로 토양 흡착(액체 등이 점토의 표면에 접착하는 성질) 또는 용탈(토양 중의 어떤 성분이 물에 녹아, 물의 하강 운동에 따라서 하층으로 이동)된 제초제도 결국 미생물에 의해 분해된다고 보면 된다.

(표 48) 제초제의 변화

변화	변화 비율(%)
물리적 변화	60%(토양 흡착 45%, 용탈 15%)
화학적 변화	20%(휘발 10%, 광 분해 5%, 가수분해 · 산화 · 환원 5%)
생물적 변화	20%(식물체 흡수 10%, 미생물 분해 10%)

· 제초제를 토양에 처리하면 토양과 제초제에 따라 다르지만 유효 성분이 대부분 표토에 있고 심토까지 들어가지 않는다. 제초제의 수직 이동은 점토나 유기물 함량에 따라 다르지만, 근본적으로 제초제의 용해도(물에 녹는 정도)에 따라 토양 중 수직 이동 깊이가 달라진다. 양토 기준으로 용해도(ppm)와 수직 이동 깊이를 보면, 5ppm 이하일 때 1~1.5cm, 10~20ppm일 때 1.5~2cm, 50ppm일 때 2.5~3cm, 100ppm일 때 4cm 깊이까지 이동한다. 디캄바액제(반벨)처럼 용해도가 아주 높은 제초제는 10㎝까지 또는 그 이상 이동한다.

Q. 토양 처리제는 잡초에 어떻게 작용하는가?

A. 토양 표면에 토양 처리제를 살포하면 제형과 관계없이 1~2cm의 얇은 처리층이 형성된다. 그런데 잡초 종자는 대개 광 발아성이므로 표토 1~2cm에 위치하는 종자만 발아하고, 그 아래에 있는 종자는 발아하지 않는다. 따라서 처리층에 있는 잡초의 유아나 유근이 제초제를 많이 흡수하게 되어 잡초가 죽는다.

· 그런데 작물은 토양 3cm 보다 깊은 곳에 파종하거나 이식을 한다. 작물종자는 광 발아성이 아니어서 햇빛이 있거나 없어도 발아할 수 있다. 즉, 뚫고 나오는 힘만 있으면 깊게 파종을 해도 발아할 수 있다. 따라서 작물의 유아나 뿌

리에서 흡수되는 제초제의 양이 적다. 그래서 작물은 피해를 적게 받고 잡초는 약제를 많이 흡수하여 죽게 된다.

· 작물 종자를 얕게 파종 또는 이식하거나, 제초제를 너무 많이 뿌리거나, 사질 토양이나 유기물 함량이 적은 토양에 제초제를 사용할 경우에는 처리층이 두꺼워져 작물에도 피해가 발생하게 된다.

Q. 토양 처리제의 희석 배수는 왜 중요하지 않은가?

A. 토양 처리제는 일정한 농도와 두께로 된 처리층을 만들어 그곳에서 발아하는 잡초를 죽인다. 따라서 잡초가 많다고 해서 많이 뿌리고 적다고 해서 적게 뿌리면 안 된다. 반드시 면적에 따라 제초제 사용량을 계산하여 고르게 살포해야 한다. 잡초가 많으면 많이 뿌리고 적으면 적게 뿌려야 할 것 같지만, 많이 뿌리면 피해가 생기고 적게 뿌리면 약효가 떨어진다.

· 유제나 수화제 등의 희석제를 토양에 살포할 때 희석 물량은 사실상 크게 중요하지 않다. 가령 1,000㎡(300평)에 300mL/100L(물 5말)를 살포하는 제초제를 150평에 살포할 때는 반드시 제초제 150mL를 희석하되, 희석할 물의 양은 50L(2.5말)가 아닌 60L(3말) 또는 80L(4말)에 희석해도 크게 문제되지 않는다. 사용량만 일정하면 살포량(희석하는 물의 양)은 처리층 두께와 제초 효과에 크게 영향을 미치지 않는다. 제초제 사용량이 150mL 이상으로 많으면 처리층이 두꺼워지고 적으면 처리층이 얇아지게 된다. 처리층이 두꺼워지면 약해가 심해지고, 얇아지면 제초 효과가 떨어진다.

Q. 제초제를 처리하고 나서 효과가 없으면 재처리해도 되는가?

A. 토양에 제초제를 처리한 후 효과가 없을 때 다시 살포해야 하는지 결정하기 어려운 경우가 많다. 약효가 없다는 것은 2가지 이유 때문이다. 처리 후 누수, 배수, 강우 등으로 약제가 유실되었기 때문이거나, 정지 불량, 물 관리 불량, 불균일 살포, 처리층 파괴, 약제 선택 잘못 등의 사용법 잘못 때문이다. 약제 유실은 잔류량이 감소되었을 것으로 예상되므로 재살포 결정이 쉬운 편이지만, 사용법 잘못은 잔류량 감소를 자신할 수가 없으므로 재살포 결정이 어렵다.

· 다만 토양 중 제초제의 잔류, 소실 과정을 고려해 볼 때, 대부분의 제초제는 처리 직후 증발, 광분해 등으로 잔류량이 감소(급속)되고, 다음에도 토양으

로 침투, 확산, 흡착되어 잔류량이 감소(고속)되며, 나중에는 미생물 분해, 화학적 분해로 잔류량이 감소(저속)된다. 따라서 대부분의 제초제는, 처리하고 15~20일 정도 지난 후 잔류량은 실용상 문제가 거의 없는 수준이 된다고 볼 수 있다. 더구나 다른 계통의 제초제를 처리하면 약해가 크게 우려되지 않는다. 토양 잔류와 약효 지속 기간은 같지 않다.

· 만일 재처리를 하지 않는다면, 금년도 잡초 피해에 의한 수량 감소와 토양 중에 잡초 종자가 많아지므로 오랫동안 피해를 감수해야 하고, 만일 재처리를 한다면 금년도의 제초 비용 증가와 혹시 있을 수 있는 약해를 감수해야 할 것이다. 상당한 저울질이 필요할 것이다.

Q. 경엽 처리제는 어떻게 잡초를 죽이는가?

A. 제초제가 잡초의 경엽(잎)에 살포되면, 잎의 표면이나 기공을 통하여 흡수된다. 접촉형 제초제는 곧바로 세포막을 저해하거나 세포의 생리작용을 저해한다. 이행형 제초제는 물관부나 체관부를 통하여 작용 부위로 이행하여 각종 생리 작용을 방해한다.

· 경엽 처리제는 대체로 잡초가 어릴수록 효과가 높아진다. 어릴수록 흡수가 잘 되고, 대사 작용이 활발하며, 생장 속도가 빠르기 때문이다. 그러나 근사미 등과 같이 이행성이 좋은 제초제는 생육이 왕성할 때 살포하는 것이 더 효과적이다. 생육이 활발하여 양분이 저장 부위로 이행되는 시기에 살포하면, 유효 성분이 저장 부위까지 내려가 잡초를 효과적으로 죽일 수 있다.

· 이행형 제초제는 과수원에 살포할 경우에도 주의해야 한다. 줄기에 접촉되어도 줄기는 목질이고, 과수 잎은 왁스층이 발달되어 있기 때문에 줄기나 잎에서 흡수는 쉽지 않지만 줄기에서 나오는 신초에 묻어 흡수될 경우에는 의외로 피해가 심할 수 있다.

· 작물을 파종하고 출현하기 전에, 잡초가 일찍 발생하면 경엽처리형 비선택성 제초제를 살포하여 잡초를 효율적으로 방제하기도 한다. 작물종자는 크고 광발아성이 아니기 때문에 깊게 파종할 수가 있고, 또 출현이 늦다. 반대로 잡초 종자는 작고 광발아성이므로 표토부근에서 일찍 발생한다는 특성을 이용한 것이다. 다만 토양잔류가 없는 비선택성 경엽처리제이어야 한다. 감자, 토란, 구근 화훼류 등 깊이 심는 작물이나, 산간부에서 출아가 오래 걸리는 작물에서 효과가 있을 것이다.

Q. 토양 처리제를 처리하고 나서 밟으면 왜 안 되는가?

A. 토양에 제초제가 처리되면 점토나 부식 입자에 흡착되어 얇은 처리층이 형성된다. 약제 처리한 다음 작업을 하면서 처리층을 파괴하거나 지면을 심하게 밟은 후에는 처리층을 복원시키거나 재살포할 수도 없다.

· 강우나 관수로 복원을 한다 해도 한번 흡착된 제초제가 탈착(흡착되어진 물질이 흡착 계면에서 이탈하는 현상)되어 토양 표면으로 이동하거나 수평 이동을 해서 처리층이 조정되지 않는다. 처리층이 파괴되면 표토에 있는 잡초는 제초제를 흡수할 수 없게 되어 효과가 떨어진다.

Q. 다년생 잡초는 왜 접촉형 제초제로 방제하기 어려운가?

A. 지상부의 생장점은 세포 분열과 세포 신장이 왕성한 곳으로서, 새 눈이 나오는 곳이다. 생장점은 식물에 하나만 있는 것이 아니다. 광엽에는 줄기의 눈이 나오는 곳마다 생장점이 있고, 화본과(벼과)에는 잎이 나오는 마디마다 생장점이 있으며 엽초에 싸여 있다.

· 다년생 잡초는 지하에 근경이 있고 그 근경에는 많은 눈이 있다. 접촉형 제초제를 살포할 경우 줄기에 있는 생장점은 고사 하지만, 근경에 있는 생장점은 영향을 받지 않으므로 그 눈은 맹아(정상적인 눈이 아닌 부정아에서 발달한 움)하여 땅 위로 올라오게 된다. 따라서 근경까지 죽이는 이행형 제초제가 아니면 다년생 잡초를 방제하기가 어렵다.

Q. 제형으로 보아 비슷하게 보이는데 무엇이 다른가?

A. 액제와 유제는 모두 액상으로서 겉으로 보기에는 비슷하다. 그러나 물에 희석하면 색깔이 달라진다. 액제를 희석하면 투명한 색깔이고, 유제를 희석하면 유백색이 된다. 농약의 원제마다 물에 녹는 정도가 다르기 때문에 다르게 만들 수밖에 없다.

· 원제가 수용성이고 가수분해 염려가 없으면 물과 계면 활성제를 넣고 액제를 만든다. 원제가 물에 잘 녹지 않은 난용성일 경우에는 용제와 유화제를 넣고 유제를 만든다. 그렇기 때문에 물에 희석하면 유탁액이 된다.

· 수화제와 수용제는 모두 물에 희석해서 사용하는 분상이다. 다만 물에 희석하면 색깔이 달라질 뿐이다. 수화제는 물에 희석하면 현탁액으로 뿌옇게 되고,

수용제는 투명한 액이 된다.

· 수화제의 원제는 난용성으로서 증량제(농도를 엷게 하거나 물리성을 좋게 하기 위하여 사용되는 부제)와 혼합하여 분쇄한 다음 계면 활성제를 첨가하여 만든 분말이다. 수용제의 원제는 수용성으로서 수용성 증량제와 혼합하여 분쇄한 다음 계면 활성제를 첨가하여 만든 분말이다.

· 수화제 중에는 입상 수화제와 액상 수화제가 있다. 입상 수화제는 사용에 편리하도록 입상으로 만든 것으로서, 난용성 원제와 증량제를 미세하게 분쇄한 다음 계면 활성제를 첨가하여 만든 과립상이다. 액상 수화제는 다루기 편리하고, 살포 노력을 줄이기 위해 만든 것으로서, 난용성 원제를 물에 농후하게 분산시켜 만든 현탁상 제제이다.

Q. 제초제를 계속 사용하면 토양 잔류량이 많아지는가?

A. 토양 1g에는 수천만~수억 마리의 미생물이 존재한다. 그러한 토양에 제초제가 처리되면 미생물이 죽어 토양이 나빠질 것으로 오해하는 사람이 있으나 사실은 그렇지 않다. 제초제 처리로 미생물 종류별 비율은 달라져도 전체의 양은 거의 영향이 없다.

· 어떤 제초제가 토양에 처리되면 그 제초제를 분해하는 미생물이 급증하여 제초제는 소실된다. 분해 미생물의 증가로 같은 제초제나 같은 계통의 제초제를 연속 사용해도 교차 분해되므로 잔류량은 증가되지 않는다. 같은 계통의 제초제를 연용할 경우 효과가 점차 떨어지므로 교호 처리를 권장하는 이유도 이 때문이다.

Q. 논에서 배출된 제초제는 환경에 어떤 영향을 미치는가?

A. 제초제가 논에 처리되면 수용해도(물에 녹는 정도)로 알 수 있듯이 대부분은 토양 표면에 흡착되고 논물에 녹아있는 양은 극히 적다. 대표적인 이앙 전 처리제 옥사디아존유제(론스타)의 경우, 수용해도가 1ppm으로서 물에 녹아있는 양은 극히 적다.

· 토양에 흡착된 제초제가 용출되어 물과 함께 수계로 배출된다면, 대부분의 제초제는 바닥의 토양에 흡착되거나 현탁물(액체에 콜로이드상으로 분산되어 있는 물질)에 흡착되어 침전되고, 나머지도 다른 부유물에 흡착되므로 사

실상 수중의 제초제 농도는 극히 낮다. 미생물은 물에서도 중요한 분해 역할을 한다.

· 이와 같이 제초제가 논 밖으로 배출된다 하더라도 곧바로 수서 생물에 영향을 미치지 않을 농도로 낮아지고, 더구나 토양에 흡착된 제초제 성분은 수서 생물에 미치는 영향이 적다.

Q. 제초제는 독성이 높을수록 위험한 것인가?

A. 인식과 사실은 다르다. 호랑이는 무서운 동물이고, 개는 덜 무서운 동물이다. 그러나 사람들은 개가 더 위험한 동물이라고 한다. 호랑이는 동물원에만 있어서 피해를 주지 않기 때문이다.

· 제초제의 독성도 마찬가지이다. 제초제는 독성이 높은 물질이고, 소금은 독성이 낮은 물질이다. 대표적인 제초제로 예를 들면, 뷰타클로르 원제는 120g을 한꺼번에 먹으면 두 명 중 한 명이 죽고, 소금은 240g을 한꺼번에 먹으면 두 명 중 한 명이 죽을 정도로 소금의 독성은 낮다. 그러나 소금은 제초제보다 위험한 물질이다. 제초제는 소금처럼 매일 먹고 사는 물질이 아니기 때문이다.

· 제초제를 포함한 모든 농약의 위험도는 독성에다 노출을 곱한 것으로, 독성은 변화되지 않는 고유한 특성이지만 노출은 안전 수칙 준수 등으로 얼마든지 낮출 수 있는 요인이다. 따라서 독성이 높은 제초제라고 해서 위험한 것이 아니고, 독성이 낮은 제초제라 하더라도 장시간 노출되거나 자주 노출되거나 안전 수칙을 지키지 않으면 위험하게 된다.

· 제초제는 농약이기 때문에 비교적 독성이 높은 물질에 속한다. 그렇기 때문에 조심스럽게 다루어야 한다. 그렇다고 해서 모든 제초제가 다른 화합물이나 농약에 비해서 엄청나게 독성이 강한 것은 아니다.

라. 벼 기계 이앙 논 잡초 관리 분야

Q. 논 제초제는 어떻게 분류하는 것이 좋은가?

A. 논에는 다년생 잡초가 많아 잡초 발생 기간이 길다. 따라서 논 제초제는 잡초의 발생 시기에 따라, 초기, 초·중기, 중기, 중기 경엽, 후기 경엽 처리제 등으로 분류할 수가 있다.

· 제초제 처리시기별 이앙후 일수와 피 엽기는 대략 다음과 같다. ① 이앙전 처리제 (써레질~이앙전), ② 초기 처리제 (이앙후 5~7일경, 피 1엽기), ③ 초·중기 처리제 (이앙후 10~12일경, 피 2엽기), ④ 중기 처리제 (이앙후 15일경, 피 3엽기), ⑤ 중기 경엽처리제 (이앙후 25일경, 피 4~5엽기), ⑥ 후기 경엽처리제 (유효분얼~유수형성전)

Q. 논 제초제의 용해도가 높으면 약해가 많아지는가?

A. 제초제의 수용해도가 높을수록 토양 흡착력이 낮은 경향이다. 그리고 흡착력이 낮으면 약제가 이동성이 높아 뿌리 부위로 이동하여 뿌리에 해를 주기 쉽다. 그러나 제초제 흡수 부위가 뿌리 부위가 아니고 유아 부위라면 이동성은 피해에 크게 영향을 미치지 않는다. 수직 이동성은 모래 함량이 많은 사질답이나 누수답(물이 아래로 새어나가는 논)에서 높아지고, 그 중에서도 유기물 함량이 낮은 토양일수록 증가한다.

· 약제에 따라 흡수 부위가 달라서 어떤 제초제는 주로 유아에서 흡수되고, 어떤 제초제는 주로 뿌리에서 흡수된다. 수직 이동성이 높아 제초제가 근부로 내려간다 해도 주로 유아에서 흡수하는 제초제라면 피해가 적고, 반대로 수직 이동성이 낮아도 뿌리 흡수 피해가 높은 약제도 있다.

(표 49) 제초제별 뿌리 흡수 해

토양 이동성	벼 뿌리 흡수 해 정도	
	소	대
소	클로메톡시펜	펜트라자마이드
중	티오벤카브	뷰타클로르
대	벤타존	이사디

Q. 피3엽기를 왜 중요한 시기라고 하는가?

A. 피는 각 마디에서 잎과 뿌리가 발생한다. 첫째 마디에서 뿌리가 나오면서 첫 번째 잎이 나오고, 둘째 마디에서도 뿌리가 나오고 1엽 반대 방향에서 두 번째 잎이 나오며, 셋째, 넷째 마디에서도 마찬가지다. 그러나 5엽기부터는 잎겨드랑이에서 얼자가 발생하여 분얼한다.

· 피가 전형적인 문제 잡초라고 하지만 피에도 약점은 있다. 피는 산소에 민감해서 물속에 잠겨 있으면 생육이 좋지 않고 연약해진다. 그래서 계속 논물을 깊이 댔다가 갑자기 물을 빼고 말리면 쓰러져 일어서지 못한다. 실제 미국에서는 그렇게 관리하기도 한다. 또한 발생 초기 피의 뿌리는 튼튼하지 못한 편이다. 벼는 셋째 마디까지 15개 정도의 뿌리(관근, 관 모양으로 땅속의 줄기에 나는 수염뿌리)가 나오지만 피는 10개 정도밖에 안 된다. 따라서 피는 3엽기 이전에 방제하는 것이 좋다.

Q. 논 잡초의 발생 시기는 왜 잡초마다 다른가?

A. 대부분의 잡초 종자나 괴경은 30~35℃에서 발아를 잘 한다. 그런데도 발생 시기는 각각 다르다. 발생이 시작되는 시기는 최적 온도가 아니라 최저 온도의 영향을 받기 때문이다. 예를 들면 피와 올챙이고랭이는 이앙 후 3일경에 보이기 시작하고, 광엽 잡초는 피보다 2~3일 늦게 나온다.

· 다년생 잡초의 발생은 대체로 균일하지 않지만, 너도방동사니가 가장 빠르고, 올미가 다음에 나오고, 올방개, 벗풀, 물고랭이는 훨씬 뒤에 나온다. 늦게 나오는 잡초의 경우는 지하경이 깊게 묻혀 있다가 늦게 나오기도 하지만, 괴경마다 휴면성이 달라 불균일하게 발생하기 때문이다.

· 특히 올방개나 벗풀의 경우, 표토에 있는 괴경은 빨리 출현할 수 있으나, 깊은 곳에 묻힌 괴경도 출현 능력이 있기 때문에 끊임없이 발생을 한다. 이러한 특성이 방제를 더욱 어렵게 하고 있다.

Q. 제초제 살포 후 왜 논물을 일정 기간 유지해야 하는가?

A. 토양 처리형 제초제가 논에 살포되면, 토양 표면에 균일한 처리층이 만들어진다. 잡초의 유아, 유근, 중경이 처리층의 약제를 흡수함으로써 제초 효과를 보이게 된다.

· 제초제 살포 후, 유효 성분이 토양 표면에 완전히 흡착되기 전에 논물을 빼거나, 논물이 넘치거나, 논둑의 누수로 밖으로 새나가면 환경에 나쁜 영향을 줄 뿐만 아니라 제초 효과가 떨어질 수 있다. 따라서 논에 제초제를 뿌린 후 가능한 한 3~5cm 깊이로 4일 이상 논물을 유지하는 것이 좋다.

Q. 논에 어떤 잡초가 발생될지 예측할 수 있는가?

A. 벼농사는 대농화될 추세에 있고 또 위탁 재배가 늘어나면 잡초 발생 양상을 예측하지 않고서는 합리적인 제초제 선택이 어려울 것이다. 다음은 번거롭기는 하지만 효과적인 잡초방제를 위해서는 비교적 손쉽게 필지별 잡초 군락을 예측할 수 있는 방법의 하나라고 할 수 있다.

· ① 토양 채취(1필지 5지점, 10cm 깊이로 채취, 지점당 1~2kg씩 5~10kg), ② 샘플을 혼합하여 잘 섞음, ③ 플라스틱 용기 등에 넣고 토심을 약 10cm 깊이로 한 다음 수심 2~3cm로 담수, ④ 비닐하우스 등에 30~40일간 넣어 두고 이따금 물을 채워줌, ⑤ 잡초 종류 및 발생량 조사, ⑥ 실제 포장에 발생하는 잡초와 비교.

Q. 휴경답 잡초는 어떻게 관리해야 하는가?

A. 대체로 휴경 2년차가 되면 잡초가 1년차의 2~3배로 늘어나며, 휴경 연수가 길어질수록 잡초의 종류가 단순해지고, 일년생 잡초보다는 부들·골풀 등의 다년생 잡초가 우점하게 된다. 또한 버드나무, 아카시나무 등 잡초성 나무까지 발생하여 논둑이 무너지는 등 물리적인 피해가 발생하기도 한다.

· 이러한 피해를 방지하기 위해서는 해마다 여름철에 로터리 작업을 하거나 비선택성 제초제를 살포하는 것이 좋다. 다시 경작하고자 할 때는 써레질을 해서 논을 잘 고르고 잡초성 나무의 뿌리를 완전히 제거해야 한다.

· 휴경답 잡초 관리는 반드시 논으로 복원을 전제로 해야 한다. 각종 잡초가 무성하기 때문에 비선택성 제초제이어야 하고, 그 중에서도 효과를 높이기 위해서는 접촉형보다는 이행형 제초제가 좋다. 일부 비농경지용 제초제는 약제에 따라 토양에 장기간 잔류하므로 유의해야 한다.

A. 비선택성 제초제 중에서도 글리포세이트 단제(근초대왕, 근사미, 스파크, 터치다운아이큐 등)가 적합하고, 또 어느 정도 이행이 되는 글루포시네이트암모

늪(신스타, 바스타, 빨간풀 등), 글루포시네이트-피(바로바로, 자쿠사 등)도 사용할 수가 있다. 이러한 제초제는 토양에 떨어져도 빠르게 분해되므로 작물 재배에 영향이 없다. 이 약제는 초종에 따라 약량을 조절하는 것이 좋고 고농도로 살포할 수도 있다. 부들이나 갈대 등의 대형잡초가 많으면 예초기를 이용하는 것도 효율적인 방법이다.

Q. 일발처리제란 무엇이고 무엇이 문제인가?

A. 예전에는 논에 일년생 잡초가 우점하고 있었으므로 발아 전 처리제로 잡초방제가 가능하였다. 그러다가 발생 기간이 긴 다년생 잡초가 늘어나자 발아 전 처리제의 효과가 떨어졌다. 부득이 체계 처리를 권장하기는 했으나 생력적인 방법은 아니었다.

· 그 후 토양처리제이면서도 처리시기 폭이 넓고 활성이 높은 설포닐유레아계 등의 제초제가 개발되어 이러한 문제의 해결이 기대되었다. 그러나 그 계통의 제초제는 근본적으로 화본과(벼과)잡초에 살초성이 낮기 때문에, 화본과(벼과)잡초 방제용 제초제를 혼합하여 만든 수많은 종류의 혼합제들이 등장하였다. 이를 '일년생 · 다년생잡초 동시방제용 제초제' 또는 '체계처리제'라고도 하였으며, 한번만 처리한다고 해서 간단하게 '일발처리제'라고도 하였다.

· 일발처리제는 대체로 함량이 극히 적으면서도 활성이 높은 성분과, 피 등 화본과(벼과) 잡초와 특정 잡초를 동시에 방제하기 위해 2~3종을 혼합한 것이기 때문에 효과를 제대로 발휘하기 위해서는 잡초 발생 전도 아니고 발생 초기도 아닌 일정한 기간 내에만 처리해야 하는 등 처리 시기를 잘 지켜야 하는 어려움도 안고 있다. 뿐만 아니라 근래에는 같은 계통의 제초제를 장기간 사용한 결과 저항성 잡초가 출현하여 계속 늘어나고 있고, 발생 기간이 긴 올방개나 벗풀 등에 대해서는 효과가 별로 좋지 않은 등의 문제점이 있다. 이러한 일발 처리제의 문제점은 앞으로 끊임없이 해결해야 할 과제이다.

Q. 논 제초제 약해는 언제 발생하고 어떻게 해야 하는가?

A. 벼에 발생하는 제초제 약해를 일으키는 근본 원인은 약제, 환경, 사용법 3가지라고 할 수 있다. 약해가 발생했을 때 원인에 따라 이따금 책임 문제가 뒤따른다. 약제에 의한 약해는 개발 과정에서 충분한 검토가 부족한 데에 기인

하므로 제조사 책임이고, 환경에 의한 약해의 경우는 주의사항으로 알기 쉽게 명기했다면 사용자의 책임을 면할 수 없으며 사용법에 의한 약해는 사용자 책임이라고 할 수 있다.

· 벼에 약해가 발생하는 원인에는 다음과 같은 것이 많다. ① 이상 고온 : 고온으로 증산량이 많아지면, 수분 흡수가 많아지고, 약제 흡수도 많아진다. ② 모래땅이나 물 빠짐이 심한 논 : 일반논에 제초제를 뿌리면 1~2cm정도의 처리층이 형성되지만, 모래땅이나 물 빠짐이 심한 논에서는 처리층이 두꺼워져 벼 뿌리에서 약제 접촉이 많아진다. ③ 약제 과다 살포 : 제초제가 과량 살포되면 처리층에 약량이 많아져 식물체의 흡수가 많아진다. ④ 물 관리 잘못 : 약을 뿌리고 바로 물을 댈 경우 약제가 한쪽으로 몰린다. ⑤ 논 고르기 잘못 : 써레질이 불균일한 경우 노출 부위의 벼는 깊게 심어져 활착이 불량하거나 분얼이 억제되기 쉽고, 약제의 확산이 방해되어 약효도 떨어진다. 반대로 수심이 깊은 부분에는 모가 얕게 심어져 뜬묘가 발생하거나 약해가 발생하기 쉽다.

· 제초제는 식물과 식물이 함께 자라는 곳에서 온갖 역경을 이겨내기 위해 진화를 거듭해온 잡초를 골라 죽이는 약이다. 그러므로 약해는 항상 존재할 수밖에 없으므로 사용법을 지키면서 사용하는 방법뿐이다. 약제 개발이란 약제 자체만을 합성하는 것이 아니라 그 약제를 효과적으로 안전하게 사용하는 방법을 찾아내는 것이다.

마. 벼 담수직파 논 잡초 관리

Q. 벼 담수직파 논 제초제는 어떻게 분류하는 것이 좋은가?

A. 벼 담수직파 논에도 기계이앙 논과 마찬가지로 다년생 잡초가 많아 잡초 발생 기간이 길고 제초제 처리는 사실상 잡초 발생이 끝나는 유수 형성기 이전에 끝나야 한다. 따라서 논 제초제를 잡초의 발생 시기에 따라, 초기, 초중기, 중기, 중기 경엽, 후기 경엽처리제 등으로 분류하면 약제 선택, 처리 시기, 체계 처리 방법 등의 결정이 용이하다.

· 따라서 담수직파 논 제초제는 벼 파종 후 일수 및 피 엽기 등에 따라 다음과 같이 분류할 수 있다. ① 파종 전 처리제(써레질~파종전) ② 초중기 처리제(파종 후 10일경, 피 2엽기), ③ 중기 처리제(파종 후 15일경, 피 3엽기), ④ 중

기 경엽처리제(파종 후 25일경, 피 4~5엽기), ⑤ 후기 경엽 처리제(유효 분얼 ~유수 형성 전)

Q. 벼 담수직파 논에서 벼와 피의 엽기는 어떻게 진행되는가?

A. 벼 담수직파 논에서 피의 엽기는 벼보다 조금 빠르게 진행된다. 벼에는 불완 전엽이 있고 피에는 없기 때문에, 벼는 써레질 후 10일에 1엽기, 15일에 2엽 기, 20일에 3엽기 정도가 되지만, 피는 써레질 후 10일에 1.5엽기, 15일에 2.5 엽기, 20일에 3.5엽기 정도가 되어 피가 벼보다 0.5엽기 정도 빠르다.

· 같은 피일지라도 담수직파 논의 피는 기계이앙 논의 피보다 엽기진행 속도가 늦다. 시기가 빠른 담수직파 논에서 유효 적산 온도는 기계이앙 논에서보다 더 낮기 때문이다.

(표 50) 벼 담수직파, 기계이앙 논의 벼와 피의 엽기 진행 과정

구분	써레질 후 10일 (파종 후 5일경)	써레질 후 15일 (파종 후 10일경)	써레질 후 20일 (파종 후 15일경)	써레질 후 25일 (파종 후 20일경)
담수 직파 논 벼	1.0엽	2.0엽	3.0엽	4.0엽
담수 직파 논 피	1.5엽	2.5엽	3.5엽	4.5엽
기계 이앙 논 피	2.0엽	3.0엽	4.0엽	5.0엽

Q. 논조류와 괴불은 어떻게 관리해야 하는가?

A. 논조류라고 하면 보통 녹조류와 괴불을 말한다. 논조류를 이끼라고 하기도 하 지만, 논조류는 잎, 줄기, 뿌리의 구분이 안 되는 하등 식물이고, 이끼는 잎, 줄기, 헛뿌리로 분화된 습지 식물로서 조류보다는 고등식물이다.

· 벼 이앙 직후 논에 흔히 나타나는 녹조류는 녹색을 띤다. 녹조류는 맑은 날 광 합성으로 번식을 하면서 거품을 만들다가도 날씨가 흐리면 적어지고 비가 오 면 사라진다. 수면 위에 있던 논조류가 물속으로 들어가서 물과 섞이게 되면 마치 없어진 것처럼 보인다.

· 괴불이란 조류로 인하여 논의 표토가 얇게 들고 일어나 물 위에 뜨는 현상을 말한다. 괴불은 조류와 깊은 관계가 있으나 괴불 자체가 조류는 아니다. 논토 양 표면에 조류가 대량 번식하면서 점액 물질을 분비하여 토양 입자를 서로

엉키게 한다. 조류의 광합성으로 생긴 산소가 기포를 만들고, 그 기포가 부력에 의해서 표토를 얇게 벗겨내고, 표토가 결국 물 위에 뜨는데 이것을 괴불이라고 한다. 괴불 중에서도 규조류가 우점하면 갈색을 띠고, 남조류가 우점하면 남색을 띤다. 녹조류와 규조류는 인산 성분이 많으면 증가한다. 남조류는 질소 성분이 많으면 증가하고, 특히 도시 근교에서 생활 폐수가 들어오는 논에 특히 많다.

- 현재 등록된 제초제 중에서 피라클로닐 합제(피쓰리, 썬파워), 디메타메트린 합제(황금마패, 필살기), 시메트린 합제(초푸레, 스워드, 도움꾼)가 논조류 방제용으로 사용할 수 있고, 퀴노클라민 입제(이끼탄, 희망탄)는 논조류 전용으로 사용할 수 있다. 시메트린 또는 디메타메트린 합제들은 부유성 잡초 개구리밥 방제효과도 기대된다.

바. 벼 건답직파 논 잡초 관리

Q. 건답직파 논 제초제는 어떻게 분류하는가?

A. 벼 건답직파 논 잡초는 기계 이앙 논이나 담수 직파 논 잡초와는 다르다. 건답직파는 파종 후 약 30일간은 밭 상태, 그 이후는 담수 상태로 관리하므로, 논 잡초와 밭 잡초가 다양하게 나오고 잡초 발생기간도 길며 발생량도 많다. 초기 생육이 양호하기 때문에 체계 처리를 해야 한다.

- 건답직파에서는 벼를 파종하기 위한 경운 및 정지 작업에 들어가기 전에 접촉형 비선택성 제초제를 이용하여 이미 발생한 잡초를 제거해야 한다. 파종 전 경운·정지 작업 과정을 통해서 대부분의 잡초는 절단되거나 매몰되기도 하지만 생장점이 살아있는 잡초는 재생하기 때문이다.

- 따라서 건답직파 논 제초제는 ① 파종 전 처리제(기존 잡초의 생육기), ② 초기 처리제(파종 후 5일경, 피1엽기), ③ 중기 경엽처리제(파종후 20일경 담수 전, 피4엽기), ④ 후기 경엽 처리제(유효 분얼~유수 형성 전)로 구분한다. 뿐만 아니라 가능한 한 빨리 담수하고 담수 후 3~5일경에 잡초 생육기로 보아 적합한 경우 기계이앙 논에 사용되는 중기 처리제를 선택 사용할 수도 있다.

Q. 건답직파 논에서 문제되는 잡초성 벼는 어떻게 관리하는가?

A. 벼 수량과 미질을 떨어뜨리는 잡초성 벼는 종류도 다양하고 생존력도 매우 강하다. 특히 계속 건답직파를 하는 논에는 잡초성 벼 씨앗이 조금만 떨어져 있어도 이듬해 벼와 같이 발아해서 급격히 확산되기 쉽다. 잡초성 벼는 벼보다 출수가 빠르고 출수 후 10일 정도만 지나면 낟알이 논바닥에 떨어진다.

· 잡초성 벼 발생을 줄이는 데에는 벼 예취 직후 약 5cm 깊이로 담수하는 방법이 있다. 논에 물을 담아 잡초 벼를 발아시켜 이듬해 발생 밀도를 줄이기 위한 수단이다. 담수 시기가 빠를수록 잡초성 벼 발아율이 높고, 늦으면 발아율이 낮아져 효과가 떨어진다.

사. 밭 잡초 관리 분야

Q. 밭 잡초 관리 기본 요령은 무엇인가?

A. 밭작물을 재배할 때 잡초 관리의 기본은 ① 파종(정식) 전에 기존 잡초를 제거하고 쇄토, 정지 작업을 한다. ② 파종(정식) 후에는 작물에 알맞은 토양 처리제로 잡초 발생을 막는다. ③ 늦게 발생하는 잡초는 경엽처리제로 방제한다.

· 잡초 발생 전에 처리하는 토양처리제는 반드시 적용 작물에 맞는 제초제만을 사용해야 한다. 비닐 피복 재배에서도 잡초방제 기술은 노지와 큰 차이가 없다. 노지 재배와 마찬가지로 비닐 피복 재배에서도 파종(정식) 후 처리 또는 처리 후 파종(정식)하는 2가지 방법 중 하나다. 피복한 다음에 제초제를 처리할 수가 없으므로 순서는 바뀌지 않는다.

· 파종 후 20일경, 잡초 생육 초기(잡초3~5엽기)에는 선택성 제초제를 전면 처리하고, 고랑 잡초는 생육 중기(잡초10~20cm)에 비산 방지캡을 씌우고 비선택성 제초제를 부분 처리한다. 다만 너무 일찍 처리하면 효과가 떨어질 수 있고, 너무 늦게 처리하면 비산이 우려된다.

Q. 밭 잡초는 같은 밭에서도 매월 달라지는가?

A. 잡초 발생 양상으로 보아 논과 밭은 크게 다르다. 논에 발생하는 잡초는 대부분 여름 잡초로서 대체로 이앙기 전후에 발생한다.

· 그러나 밭잡초는 다르다. 봄에는 봄잡초, 여름에는 여름잡초가 발생하고, 여

름잡초 중에서도 잡초마다 발생시기가 달라서, 같은 장소에서도 계절마다 잡초가 변화된다. 늦은 봄에 발생하는 잡초, 초여름에 발생하는 잡초가 있기 때문이다. 다음 표에서 보는 바와 같이 같은 밭에서도 조사시기에 따라 잡초비율이 크게 다르다.

(표 51) 월별 밭잡초 발생 종류

잡초 비율(무게, %)			
5월	6월	7월	8월
벼룩나물(60)	바랭이(30)	바랭이(70)	바랭이(80)
냉이(10)	씀바귀(20)	여뀌(10)	씀바귀(10)
독새풀(10)	여뀌(10)	닭의장풀(10)	강아지풀(4)
여뀌(5)	쑥(10)	방동사니(3)	닭의장풀(2)
씀바귀(5)	개불알풀(10)	씀바귀(2)	쇠비름(2)

Q. 채소밭 잡초는 어떻게 관리해야 하는가?

A. 식량 작물이나 특용 작물 밭에 비하여 채소밭에서는 잡초를 ① 철저하게 방제하는 편이고, ② 다양한 방법으로 방제하는 편이며, ③ 범용성 제초제로 방제하는 편이다.

· 철저하게 방제하는 이유는 채소밭의 잡초는 비록 수량에 크게 영향을 주지 않더라도 잡초가 있으면 포장의 외관상 상품성이 떨어져 가격에 영향을 주기 때문이다. 다양한 방법으로 방제하는 이유는 채소밭은 작물이나 재배 형태에 따라 비닐 피복, 토양 소독, 중경 등 독특하게 관리하면서 잡초방제도 함께 이루어지기 때문이다. 봄에는 제초제 처리와 투명 비닐을 사용함으로써 제초, 보습, 지온 상승 효과를 달성하고, 여름에는 제초제를 처리하지 않고 흑색 비닐을 사용하여 혹서기의 지온 저하, 보습, 잡초 발생 억제 효과를 달성한다. 범용성 제초제로 방제하는 이유는 해당 채소 작물에 등록된 제초제가 적기도 하지만, 널리 사용되는 제초제의 사용법이 단순하기 때문이다.

Q. 비닐 피복 재배에서는 제초제를 어떻게 처리해야 하는가?

A. 비닐 피복 재배의 토양 처리제는 노지 재배와 마찬가지로 경종법에 따라 파종(정식) 전 또는 후에 처리한다. 처리 후 피복하는 것만 다르다.

(표 52) 비닐 피복 재배에서의 제초제 처리

구분	순서(예)	작물(예)
파종(정식) 전 처리 (처리, 피복→파종)	· 처리, 피복(유공 비닐)→파종, 복토 · 처리, 피복(무공 비닐)→파종, 복토 · 처리, 피복(유공 비닐)→이식	참깨 땅콩 고추, 토마토, 배추
파종(정식)후 처리 (파종→처리, 피복)	· 파종, 복토→처리, 피복(무공 비닐) · 파종, 복토→처리(노지) · 정식→처리(노지)	감자, 참깨, 마늘 황기 더덕

· 파종 전 처리의 경우에는 파공의 표토를 제거한 후 파종 또는 정식을 하고, 가능하면 하방 이동이 적은 약제를 사용한다. 또한 파종 작업이 약제 처리 후에 이어지므로 처리층이 파괴되지 않도록 해야 하고, 비닐 피복을 하면 작물의 감수성이 높아지므로 약제 선택에 유의해야 하며, 사용량을 지켜야 한다.

· 파종 후 처리는 세계적으로 널리 사용되는 방법이다. 피복 재배에서 파종 심도가 낮으면 본질적으로 안전한 약제가 아니면 약해가 발생하기 쉽다. 토양처리제 약해는 대개 종자 또는 뿌리가 처리층에 들어가는 경우이다. 약해는 제초제의 이동이나 흡착과 관계가 깊은 제초제 용해도, 토성, 부식 함량, 강우 등의 영향이 크다.

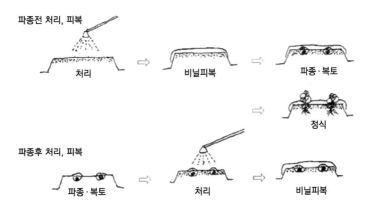

(그림 15) 비닐 피복 재배에서 제초제 처리 과정

Q. 밭에서도 비선택성 제초제를 사용할 수 있는가?

A. 밭에서 경엽 처리제의 사용 방법에는 전면 처리와 고랑(헛골) 처리가 있다. 전면 처리는 특정 잡초를 방제하기 위해서 선택성 제초제를 전면에 처리하는 방법이고, 고랑 처리는 고랑에 발생하는 모든 잡초를 방제하기 위하여 비선택성 제초제를 처리하는 방법이다.

· 비선택성 제초제를 고랑에 살포하는 것은 작물에 접촉되지 않는다는 전제로, 압력이 낮은 노즐에 비산 방지캡을 부착하고 살포해야 한다. 고랑 처리에는 특별한 경우를 제외하고 작물에 묻었을 때 작물 전체가 고사되는 이행형보다는 접촉형 제초제를 살포한다. 잡초생육기에 밭고랑에 사용할 수 있는 비선택성 제초제가 여러 종 등록되어 있다.

Q. 밭 잡초의 발생 시기는 왜 초종마다 달라지는가?

A. 잡초의 발아 최적 온도는 대체로 30~35℃이다. 그러나 실제 밭 잡초의 출현 시기를 보면 잡초마다 다르다. 그것은 발아 최저 온도가 다르기 때문이다.

· 발아 최저 온도가 5℃ 이하인 월년생 잡초는 이른 봄에 출현하고, 최저 온도가 5~10℃인 명아주와 여뀌 등은 여름 잡초 중에서는 일찍 발생하고, 쇠비름 등은 늦게 발생하는 편이고, 바랭이와 왕바랭이는 아주 늦게 나온다.

(표 53) 발아 온도에 따른 밭 잡초의 발생 종류

5℃ 이하	5~10℃	10~15℃	15~20℃
별꽃, 벼룩나물, 쑥, 새포아풀, 갈퀴덩굴	명아주, 여뀌, 개쑥갓	방동사니, 금방동사니, 쇠비름	왕바랭이, 바랭이

Q. 고랑에는 제초제를 어떻게 처리해야 하는가?

A. 고랑에 발생하는 잡초는 토양 처리제 또는 경엽 처리제로 방제한다. 토양 처리제를 처리할 때에는 작업의 편의상 이랑이나 두둑에 먼저 살포한 후, 파종이나 피복 작업이 끝나고 고랑에는 별도로 살포하는 것이 일반적이다. 이때에는 과량 살포 않도록 대단히 유의해야 한다.

· 고랑 처리용 경엽 처리제를 선택할 때에는 다음과 같은 사항을 고려해야 한

다. ① 비산되어 작물의 잎에 묻어도 피해가 적은 접촉형 제초제를 사용한다. ② 살초 폭이 넓은 비선택성 제초제를 사용한다. ③ 독성이 낮은 제초제를 사용한다. ④ 토양에서 분해가 빠른 제초제를 사용한다. ⑤ 선택한 제초제를 살포할 때에는 작물에 묻지 않도록 압력이 낮은 노즐에 비산 방지 캡을 씌우고 살포해야 한다. 특히 배추, 오이, 토마토, 피망 등에는 비산에 특별히 주의해야 한다.

· 밭고랑(휴간)에 사용할 수 있는 제초제는 글루포시네이트암모늄액제(바스타, 신스타), 글루포시네이트-피액제(바로바로.자쿠사), 글리포세이트암모늄액제(스파크)가 있다.

아. 과수원 잡초 관리 분야

Q. 과수원 잡초와 밭 잡초는 어떻게 다른가?

A. 과수원에 발생하는 주요 잡초를 보면 전체적으로 밭 잡초와 다르다. 근본적으로 경종법이나 비배 관리가 다르기 때문이다. 가을에 발생하여 월동하는 봄 잡초에는 새포아풀, 뚝새풀, 큰개불알풀, 갈퀴덩굴, 광대나물, 별꽃 등이 있고, 봄에 발생하는 일년생 여름 잡초에는 바랭이, 왕바랭이, 돌피, 개여뀌, 닭의장풀, 환삼덩굴, 강아지풀 등이 있고, 다년생 여름 잡초에는 쇠뜨기, 띠, 쑥, 메꽃, 소리쟁이, 괭이밥 등이 있다.

· 과수원의 주요 잡초라고 하면 대개 다년생 잡초를 가리킨다. 일년생 잡초는 예초기로 비교적 관리하기 쉽지만 다년생 잡초 가운데 소리쟁이, 쑥, 괭이밥, 쇠뜨기는 방제하기 어려워 강해 잡초 또는 문제 잡초라고 한다. 그러나 모든 다년생 잡초가 문제 잡초는 아니고 반드시 더 많은 피해를 주는 것도 아니다. 메꽃, 칡 등의 다년생 잡초는 적합한 시기에 방제되지 않으면 유목의 수관을 덮어서 문제될 수 있으나, 환삼덩굴 등의 일년생 잡초가 더 많은 피해를 줄 수도 있다.

· 과수원에서는 작목에 따라 발생 잡초가 다를 수 있다. 포도, 참다래 등은 여름철에 가지와 잎이 무성하여 수관 아래는 전체적으로 어둡다. 따라서 햇빛을 좋아하는 바랭이, 별꽃 등은 적고, 질경이, 토끼풀 등이 많은 경향이다.

Q. 과수원 잡초는 어떻게 관리해야 하는가?

A. 과수는 일반적으로 대형 목본 작물이므로 잡초보다도 뿌리 분포가 깊어서 직접적인 잡초 피해는 적다. 수량 감소는 없다하더라도 잡초 관리에 소홀하면 양·수분 경합이 일어나 나무가 쇠약해지고 품질이 떨어진다. 특히 천근성 포도나 소형 과수는 잡초의 영향을 받기 쉽다.

· 노동력 감소로 부초 등을 깔기도 어렵고, 경사지 과수원에서는 토양유실이나 사면지 붕괴가 우려되어 잡초의 완전 방제는 문제가 될 수 있다. 따라서 시기와 장소에 따라 잡초를 생육시킬 필요가 있다.

· 청경 관리는 제초제를 쓰거나 자주 예초하여 잡초를 없애는 관리법이다. 잡초와 작물과의 양·수분 경합이 생기지 않은 효과가 있는 반면 많은 노력이 들고 토양 입단화가 어려워지고, 토양 유실, 부식 함량 감소, 토양 완충 능력 저하가 우려된다.

· 초생 관리는 적극적으로 목초를 재배하거나, 자연 발생하는 잡초를 이용하여 지표면을 피복하는 방법이다. 침식 방지, 예초 후 부초로 이용, 토양 유기질 보급, 토양 이화학성 유지의 효과가 있다. 초생법은 잡초 방임이 아니고 예초가 필수이다. 특히 적과, 약제 살포, 수확 등 작업에 지장 없도록 예초를 하고, 병충해 발생을 촉진되지 않도록 유의해야 한다. 전면 초생법은 양·수분 경합을 일으킬 수도 있으므로 부분 초생법이 유리할 수도 있다.

Q. 과수원 제초제는 어떻게 분류해야 하는가?

A. 논 제초제와 마찬가지로 밭 제초제도 발생 전에 처리하는 토양처리제와, 잡초의 생육기에 처리하는 경엽처리제로 구분한다. 경엽처리제는 다시 잡초 생육 단계에 따라 생육 초기(잡초 3~5엽기), 생육 중기(잡초 10~20cm), 생육 성기로 구분한다.

· 과수원에서는 목적이나 관리 방법에 따라서는 잡초 발생 전이나 기존 잡초를 완전히 제거한 다음 토양처리제를 사용하기도 하지만, 대체로 생육 중기에 접촉형 비선택성 제초제를 사용하거나, 생육 성기에 이행형 비선택성 제초제를 사용한다. 과수원에서는 밭과는 달리 방제의 효율성이 낮기 때문에 잡초 3~5 엽기의 생육 초기 처리제는 사용하지 않는다.

Q. 과수원에서 비선택성 제초제는 어떻게 사용하는가?

A. 과수원에도 봄 잡초와 여름 잡초가 있다. 봄 잡초는 전년도 가을에 발생하여 월동한 월년생 잡초로서, 대부분은 봄에 개화, 결실하였다가 여름에 고사하지만 잡초에 따라서 봄과 여름에 걸쳐 개화, 결실하였다가 초가을에 고사하는 봄 잡초도 있다. 여름 잡초는 봄에 발생하여 여름과 가을에 걸쳐 개화, 결실하다가 가을에 고사하는 잡초를 말한다.

· 잡초 생육기에 관리하는 방법에는, ① 봄 잡초를 대상으로 여름 잡초 발생 전에 생육 중기 처리제, ② 여름 잡초가 번성하기 전에 생육 중기 처리제, ③ 여름 잡초가 왕성한 시기에 생육 성기 처리제를 처리하는 방법이 있다. 그러나 발생 상황이나 관리 방법에 따라 제초제의 종류와 사용 횟수는 얼마든지 달라질 수 있다.

· 과수원에 따라서는 쑥, 토끼풀 등의 다년생 잡초가 우점하기도 하고, 여뀌, 닭

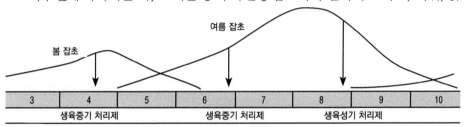

(그림 16) 과수원 잡초 생육기별 관리 방법

의장풀, 깨풀, 메꽃 등의 난방제 잡초가 많이 발생하기도 한다. 이러한 경우에는 잡초에 알맞은 제초제를 선택하여 부분 처리를 하거나 농도를 높여 살포할 수도 있다.

자. 잔디밭 잡초 관리 분야

Q. 잔디밭에서는 어떤 잡초가 발생하는가?

A. 잔디는 4~10월까지 약 7개월은 푸르게 유지되다가 11~3월까지 약 5개월은 휴면기를 보낸다. 잔디밭에 발생하는 봄 잡초는 9~10월에 발생하여 겨울을 보낸 후 3~4월에 다시 발생하고, 여름 잡초는 주로 5~7월에 발생한다.

· 잔디 맹아 전후 3~4월에 발생하는 봄 잡초에는 새포아풀, 뚝새풀, 명아주, 개여뀌, 망초, 별꽃, 주름잎, 점나도나물, 벼룩나물, 광대나물, 냉이. 토끼풀, 민들레, 제비꽃 등이 있다.

· 5~7월에 발생하는 여름 잡초에는 바랭이, 강아지풀, 애기땅빈대, 닭의장풀, 쇠비름, 깨풀, 중대가리풀, 마디풀, 개비름, 방동사니, 띠, 억새, 수크령, 쑥, 참소리쟁이, 피막이풀, 괭이밥, 쇠뜨기, 민들레, 질경이, 벋음씀바귀, 쑥부쟁이, 수영 등이 있다.

· 대표적인 봄 잡초는 새포아풀이지만, 관리가 소홀한 곳에서는 토끼풀, 냉이, 망초, 민들레, 꽃다지 등이 발생한다. 여름철 대표적 잡초 바랭이는 널리 분포하는 잡초답게 방제하기가 결코 쉽지가 않다.

Q. 잔디밭 제초제는 언제 어떻게 사용해야 하는가?

A. 잡초의 발생 시기로 보아, 여름 잡초를 대상으로 사용하는 토양처리제는 3~4월에 처리하고, 봄 잡초를 대상으로 사용하는 토양처리제는 9~10월에 처리한다. 관리가 소홀하여 토끼풀, 질경이, 망초, 민들레 등이 발생하는 부분에는 생육기 경엽처리제를 부분 처리한다.

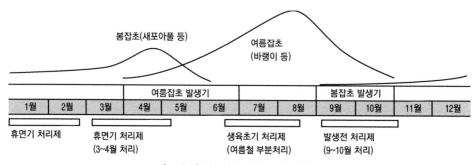

(그림 17) 잔디밭 제초제 사용 시기

· 살균제나 살충제를 혼용 살포할 때처럼 발생 잡초에 따라 적용 잡초가 다른 제초제를 혼용하는 사례가 있으나, 제초제의 경우에는 함부로 혼용하지 않고 단용하는 것이 좋다.

· 잡초가 많다고 하여 표준량의 2배로 처리하거나, 발생 잡초에 따라 처리하

고 싶다고 해서 2약제를 1 : 1로 섞어서 처리해도 약해가 없었다는 것은 그렇게 해도 되는 것이 아니라 잔디의 피해가 눈에 띄지 않았을 뿐이다. 발생 정도에 따라 처리하고 싶다고 해서 2약제를 2/3 : 1/3로 섞어서 처리해도 효과가 좋았다는 것은 그렇게 해도 되는 것이 아니라 본래 잡초가 적었을 뿐이다.

Q. 골프장에는 어떤 잡초가 발생하는가?

A. 골프장은 여름철에 이용 빈도가 높아 답압이 심한 편이고, 잔디 관리방법에 있어서도 일반 잔디밭과 다르다. 골프장에서도 잔디 조성에 따라 잡초 종류와 생육 상태가 다르다.

(표 54) 골프장의 잔디 상태와 월간 예초 횟수

잔디 조성	잔디 상태	월간 예초 횟수 (5~10월 평균)
그린	0.5 cm	12~15회
페어웨이	2~2.5 cm	3~4회
러프	5 cm	2회

· 잔디가 완전히 조성되면 잔디 포복경이 그물 모양으로 서로 얽혀있고, 지상부에는 잔디의 낙엽이나 줄기가 썩은 부식층(탯취층)이 생기는데, 일년생잡초는 거의 이 부식층에서 발생한다. 잡초가 잔디 사이를 통과하므로 예초면에 도달할 때까지는 연약하게 생육한다. 특히 골프장에서는 바랭이와 새포아풀이 가장 문제되는 잡초이고, 키가 작거나 포복성인 토끼풀, 괭이밥, 별꽃, 애기땅빈대, 중대가리풀 등은 잦은 예초에도 불구하고 좀처럼 감소되지 않는 잡초이다.

Q. 잔디밭에서는 토양처리제를 어떻게 처리하는가?

A. 일반 밭 토양에 토양처리제를 사용하면 통상 토양 표층 0~3cm 이내에 처리층이 형성되는데, 일년생 잡초의 대부분은 이곳 표토에서 발아한다. 그러나 잔디밭 경우에는 자주 예초를 하므로 토양층 위에 태치층(Thatch layer)이 형성되어 있고, 대부분의 일년생 잡초는 태치층에서 발아한다.

· 잔디밭에서 발생하는 잡초는 초기에 식물체가 작고, 뿌리가 얕으며, 식물체

표면은 얇고 연하여 제초제 감수성이 높은 편이다. 따라서 발아 전 처리제라 하더라도 잡초 발아 전이 아니라 잡초가 발생한 직후(1~1.5엽기)에 처리하는 것이 좋다.

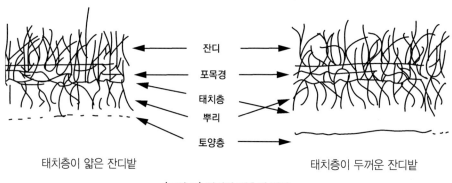

| 태치층이 얇은 잔디밭 | | 태치층이 두꺼운 잔디밭 |

잔디 — 포목경 — 태치층 — 뿌리 — 토양층

(그림 18) 잔디밭 제초제 처리

Q. 잔디 휴면기 처리제는 언제 처리하는가?

A. 잔디밭 잡초 관리는 과수원 잡초 관리와는 다르다. 과수원과는 달리 잔디밭에는 잔디가 특이한 근권을 형성하며 4~10월까지 푸르게 자라다가 11~3월까지는 휴면기에 들어간다. 따라서 잔디 맹아가 늦기 때문에 봄 잡초는 잔디가 맹아하기 전에 나온다.

· 일반적으로 토양처리제는 잡초가 발생하기 전에 토양 표면에 처리하여 처리층을 만들어 잡초의 유아나 유근이 약제를 흡수하도록 되어있으나, 잔디밭에는 토양 위에 태치층이 막고 있기 때문에 처리층 형성이 어렵다는 것을 고려해야 한다.

· 잔디밭 제초제 중에는 뷰타클로르 · 디클로베닐입제(동장군), 디클로베닐입제(카소론), 비페녹스 · 펜디메탈린유제(이글샷), 아이속사벤액상수화제(캐치풀), 이마자퀸입제(산소로), 플루세토설퓨론 · 이마자퀸입제(잔디로) 등 잔디 휴면기에 처리하는 제초제가 있다. 이 약제를 11~2월에 처리하면 분해가 적고, 강설로 수분이 적당하게 되어, 처리층이 쉽게 형성되므로 봄철 처리에 비하여 잔디도 안전하고 효과도 높아진다. 이들 약제를 봄철에 처리하면 망초, 개망초 등의 방제효과가 떨어진다.

ㄱ

가건(架乾)	걸어 말림
가경지(可耕地)	농사지을 수 있는 땅
가리(加里)	칼리
가사(假死)	기절
가식(假植)	임시 심기
가열육(加熱肉)	익힘 고기
가온(加溫)	온도높임
가용성(可溶性)	녹는, 가용성
가자(茄子)	가지
가잠(家蠶)	집누에, 누에
가적(假積)	임시 쌓기
가토(家兎)	집토끼, 토끼
가피(痂皮)	딱지
가해(加害)	해를 입힘
각(脚)	다리
각대(脚帶)	다리띠, 각대
각반병(角斑病)	모무늬병, 각반병

각피(殼皮)	겉껍질
간(干)	절임
간극(間隙)	틈새
간단관수(間斷灌水)	물걸러대기
간벌(間伐)	솎아내어 베기
간색(稈色)	줄기색
간석지(干潟地)	개펄, 개땅
간식(間植)	사이심기
간이잠실(簡易蠶室)	간이누엣간
간인기(間引機)	솎음기계
간작(間作)	사이짓기
간장(稈長)	키, 줄기길이
간채류(幹菜類)	줄기채소
간척지(干拓地)	개막은 땅, 간척지
갈강병(褐疆病)	갈색굳음병
갈근(葛根)	칡뿌리
갈문병(褐紋病)	갈색무늬병
갈반병(褐斑病)	갈색점무늬병, 갈반병
갈색엽고병(褐色葉枯病)	갈색잎마름병
감과앵도(甘果櫻挑)	단앵두
감람(甘籃)	양배추
감미(甘味)	단맛
감별추(鑑別雛)	암수가린병아리, 가린병아리
감시(甘)	단감
감옥촉서(甘玉蜀黍)	단옥수수
감자(甘蔗)	사탕수수
감저(甘藷)	고구마
감주(甘酒)	단술, 감주
갑충(甲蟲)	딱정벌레

강두(豆)	동부	건경(乾莖)	마른 줄기
강력분(强力粉)	차진 밀가루, 강력분	건국(乾麴)	마른누룩
강류(糠類)	등겨	건답(乾畓)	마른 논
강전정(强剪定)	된다듬질, 강전정	건마(乾麻)	마른삼
강제환우(制換羽)	강제 털갈이	건못자리	마른 못자리
강제휴면(制休眠)	움 재우기	건물중(乾物重)	마른 무게
개구기(開口器)	입벌리개	건사(乾飼)	마른 먹이
개구호흡(開口呼吸)	입 벌려 숨쉬기,	건시(乾)	곶감
	벌려 숨쉬기	건율(乾栗)	말린 밤
개답(開畓)	논풀기, 논일구기	건조과일(乾燥과일)	말린 과실
개식(改植)	다시 심기	건조기(乾燥機)	말림틀, 건조기
개심형(開心形)	깔때기 모양,	건조무(乾燥무)	무말랭이
	속이 훤하게 드러남	건조비율(乾燥比率)	마름률, 말림률
개열서(開裂)	터진 감자	건조화(乾燥花)	말린 꽃
개엽기(開葉期)	잎필 때	건채(乾朶)	말린 나물
개협(開莢)	꼬투리 틘	건초(乾草)	말린 풀
개화기(開花期)	꽃필 때	건초조제(乾草調製)	꼴(풀) 말리기,
개화호르몬(開和hormome)	꽃피우기호르몬		마른 풀 만들기
객담(喀啖)	가래	건토효과(乾土效果)	마른 흙 효과, 흙말림 효과
객토(客土)	새흙넣기	검란기(檢卵機)	알 검사기
객혈(喀血)	피를 토함	격년(隔年)	해거리
갱신전정(更新剪定)	노쇠한 나무를 젊은 상태로	격년결과(隔年結果)	해거리 열림
	재생장시키기 위한 전정	격리재배(隔離栽培)	따로 가꾸기
갱신지(更新枝)	바꾼 가지	격사(隔沙)	자리떼기
거세창(去勢創)	불친 상처	격왕판(隔王板)	왕벌막이
거접(据接)	제자리접	"격휴교호벌채법	이랑 건너 번갈아 베기
건(腱)	힘줄	(隔畦交互伐採法)"	
건가(乾架)	말림틀	견(繭)	고치
건견(乾繭)	말린 고치, 고치말리기	견사(繭絲)	고치실(실크)

견중(繭重)	고치 무게	경엽(硬葉)	굳은 잎
견질(繭質)	고치질	경엽(莖葉)	줄기와 잎
견치(犬齒)	송곳니	경우(頸羽)	목털
견흑수병(堅黑穗病)	속깜부기병	경운(耕耘)	흙 갈이
결과습성(結果習性)	열매 맺음성, 맺음성	경운심도(耕耘深度)	흙 갈이 깊이
결과절위(結果節位)	열림마디	경운조(耕耘爪)	갈이날
결과지(結果枝)	열매가지	경육(頸肉)	목살
결구(結球)	알들이	경작(硬作)	짓기
결속(結束)	묶음, 다발, 가지묶기	경작지(硬作地)	농사땅, 농경지
결실(結實)	열매맺기, 열매맺이	경장(莖長)	줄기길이
결주(缺株)	빈포기	경정(莖頂)	줄기끝
결핍(乏)	모자람	경증(輕症)	가벼운증세, 경증
결협(結莢)	꼬투리맺음	경태(莖太)	줄기굵기
경경(莖徑)	줄기굵기	경토(耕土)	갈이흙
경골(脛骨)	정강이뼈	경폭(耕幅)	갈이 너비
경구감염(經口感染)	입감염	경피감염(經皮感染)	살갗 감염
경구투약(經口投藥)	약 먹이기	경화(硬化)	굳히기, 굳어짐
경련(痙攣)	떨림, 경련	경화병(硬化病)	굳음병
경립종(硬粒種)	굳음씨	계(鷄)	닭
경백미(硬白米)	멥쌀	계관(鷄冠)	닭볏
경사지상전(傾斜地桑田)	비탈 뽕밭	계단전(階段田)	계단밭
경사휴재배(傾斜畦栽培)	비탈 이랑 가꾸기	계두(鷄痘)	닭마마
경색(梗塞)	막힘, 경색	계류우사(繫留牛舍)	외양간
경산우(經産牛)	출산 소	계목(繫牧)	매어기르기
경수(硬水)	센물	계분(鷄糞)	닭똥
경수(莖數)	줄깃수	계사(鷄舍)	닭장
경식토(硬埴土)	점토함량이 60% 이하인 흙	계상(鷄箱)	포갬 벌통
경실종자(硬實種子)	굳은 씨앗	계속한천일수	계속 가뭄일수
경심(耕深)	깊이 갈이	(繼續旱天日數)	

계역(鷄疫)	닭돌림병	공시충(供試)	시험벌레
계우(鷄羽)	닭털	공태(空胎)	새끼를 배지 않음
계육(鷄肉)	닭고기	공한지(空閑地)	빈땅
고갈(枯渴)	마름	공협(空英)	빈꼬투리
고랭지재배(高冷地栽培)	고랭지가꾸기	과경(果徑)	열매의 지름
고미(苦味)	쓴맛	과경(果梗)	열매 꼭지
고사(枯死)	말라죽음	과고(果高)	열매 키
고삼(苦蔘)	너삼	과목(果木)	과일나무
고설온상(高設溫床)	높은 온상	과방(果房)	과실송이
고숙기(枯熟期)	고쇤 때	과번무(過繁茂)	웃자람
고온장일(高溫長日)	고온으로 오래 볕쬐기	과산계(寡産鷄)	알적게 낳는 닭,
고온저장(高溫貯藏)	높은 온도에서 저장		적게 낳는 닭
고접(高接)	높이 접붙임	과색(果色)	열매 빛깔
고조제(枯凋劑)	말림약	과석(過石)	과린산석회, 과석
고즙(苦汁)	간수	과수(果穗)	열매송이
고취식압조(高取式壓條)	높이 떼기	과수(顆數)	고치수
고토(苦土)	마그네슘	과숙(過熟)	농익음
고휴재배(高畦栽培)	높은 이랑 가꾸기(재배)	과숙기(過熟期)	농익을 때
곡과(曲果)	굽은 과실	과숙잠(過熟蠶)	너무익은 누에
곡류(穀類)	곡식류	과실(果實)	열매
곡상충(穀象)	쌀바구미	과심(果心)	열매 속
곡아(穀蛾)	곡식나방	과아(果芽)	과실 눈
골간(骨幹)	뼈대, 골격, 골간	과엽충(瓜葉)	오이잎벌레
골격(骨格)	뼈대, 골간, 골격	과육(果肉)	열매 살
골분(骨粉)	뼛가루	과장(果長)	열매 길이
골연증(骨軟症)	뼈무름병, 골연증	과중(果重)	열매 무게
공대(空袋)	빈 포대	과즙(果汁)	과일즙, 과즙
공동경작(共同耕作)	어울려 짓기	과채류(果菜類)	열매채소
공동과(空胴果)	속 빈 과실	과총(果叢)	열매송이, 열매송이 무리

과피(果皮)	열매 껍질	구근(球根)	알 뿌리
과형(果形)	열매 모양	구비(廐肥)	외양간 두엄
관개수로(灌漑水路)	논물길	구서(驅鼠)	쥐잡기
관개수심(灌漑水深)	댄 물깊이	구순(口脣)	입술
관수(灌水)	물주기	구제(驅除)	없애기
관주(灌注)	포기별 물주기	구주리(歐洲李)	유럽자두
관행시비(慣行施肥)	일반적인 거름 주기	구주율(歐洲栗)	유럽밤
광견병(狂犬病)	미친개병	구주종포도(歐洲種葡萄)	유럽포도
광발아종자(光發芽種子)	볕밭이씨	구중(球重)	알 무게
광엽(廣葉)	넓은 잎	구충(驅蟲)	벌레 없애기, 기생충 잡기
광엽잡초(廣葉雜草)	넓은 잎 잡초	구형아접(鉤形芽接)	갈고리눈접
광제잠종(製蠶種)	돌뱅이누에씨	국(麴)	누룩
광파재배(廣播栽培)	넓게 뿌려 가꾸기	군사(群飼)	무리 기르기
괘대(掛袋)	봉지씌우기	궁형정지(弓形整枝)	활꽃나무 다듬기
괴경(塊莖)	덩이줄기	권취(卷取)	두루말이식
괴근(塊根)	덩이뿌리	규반비(硅攀比)	규산 알루미늄 비율
괴상(塊狀)	덩이꼴	균경(菌莖)	버섯 줄기, 버섯대
교각(橋角)	뿔 고치기	균류(菌類)	곰팡이류, 곰팡이붙이
교맥(蕎麥)	메밀	균사(菌絲)	팡이실, 곰팡이실
교목(喬木)	큰키 나무	균산(菌傘)	버섯갓
교목성(喬木性)	큰키 나무성	균상(菌床)	버섯판
교미낭(交尾囊)	정받이 주머니	균습(菌褶)	버섯살
교상(咬傷)	물린 상처	균열(龜裂)	터짐
교질골(膠質骨)	아교질 뼈	균파(均播)	고루뿌림
교호벌채(交互伐採)	번갈아 베기	균핵(菌核)	균씨
교호작(交互作)	엇갈이 짓기	균핵병(菌核病)	균씨병, 균핵병
구강(口腔)	입안	균형시비(均衡施肥)	거름 갖춰주기
구경(球莖)	알 줄기	근경(根莖)	뿌리줄기
구고(球高)	알 높이	근계(根系)	뿌리 뻗음새

근교원예(近郊園藝)	변두리 원예	기형수(畸形穗)	기형이삭
근군분포(根群分布)	뿌리 퍼짐	기호성(嗜好性)	즐기성, 기호성
근단(根端)	뿌리끝	기휴식(寄畦式)	모듬이랑식
근두(根頭)	뿌리머리	길경(桔梗)	도라지
근류균(根溜菌)	뿌리혹박테리아, 뿌리혹균		
근모(根毛)	뿌리털		
근부병(根腐病)	뿌리썩음병	**ㄴ**	
근삽(根揷)	뿌리꽂이	나맥(裸麥)	쌀보리
근아충(根)	뿌리혹벌레	나백미(白米)	찹쌀
근압(根壓)	뿌리압력	나종(種)	찰씨
근얼(根蘖)	뿌리벌기	나흑수병(裸黑穗病)	겉깜부기병
근장(根長)	뿌리길이	낙과(落果)	떨어진 열매, 열매 떨어짐
근접(根接)	뿌리접	낙농(酪農)	젖소 치기, 젖소양치기
근채류(根菜類)	뿌리채소류	낙뢰(落)	떨어진 망울
근형(根形)	뿌리모양	낙수(落水)	물 떼기
근활력(根活力)	뿌리힘	낙엽(落葉)	진 잎, 낙엽
급사기(給飼器)	모이통, 먹이통	낙인(烙印)	불도장
급상(給桑)	뽕주기	낙화(落花)	진 꽃
급상대(給桑臺)	채반받침틀	낙화생(落花生)	땅콩
급상량(給桑量)	뽕주는 양	난각(卵殼)	알 껍질
급수기(給水器)	물그릇, 급수기	난기운전(暖機運轉)	시동운전
급이(給飴)	먹이	난도(亂蹈)	날뜀
급이기(給飴器)	먹이통	난중(卵重)	알무게
기공(氣孔)	숨구멍	난형(卵形)	알모양
기관(氣管)	숨통, 기관	난황(卵黃)	노른자위
기비(基肥)	밑거름	내건성(耐乾性)	마름견딜성
기잠(起蠶)	인누에	내구연한(耐久年限)	견디는 연수
기지(忌地)	땅가림	내냉성(耐冷性)	찬기운 견딜성
기형견(畸形繭)	기형고치	내도복성(耐倒伏性)	쓰러짐 견딜성

내반경(内返耕)	안쪽 돌아갈이	녹비작물(綠肥作物)	풋거름 작물
내병성(耐病性)	병 견딜성	녹비시용(綠肥施用)	풋거름 주기
내비성(耐肥性)	거름 견딜성	녹사료(綠飼料)	푸른 사료
내성(耐性)	견딜성	녹음기(綠陰期)	푸른철, 숲 푸른철
내염성(耐鹽性)	소금기 견딜성	녹지삽(綠枝挿)	풋가지꽂이
내충성(耐虫性)	벌레 견딜성	농번기(農繁期)	농사철
내피(内皮)	속껍질	농병(膿病)	고름병
내피복(内被覆)	속덮기, 속덮개	농약살포(農藥散布)	농약 뿌림
내한(耐旱)	가뭄 견딤	농양(膿瘍)	고름집
내향지(内向枝)	안쪽 뻗은 가지	농업노동(農業勞動)	농사품, 농업노동
냉동육(冷凍肉)	얼린 고기	농종(膿腫)	고름종기
냉수관개(冷水灌漑)	찬물대기	농지조성(農地造成)	농지일구기
냉수답(冷水畓)	찬물 논	농축과즙(濃縮果汁)	진한 과즙
냉수용출답(冷水湧出畓)	샘논	농포(膿泡)	고름집
냉수유입답(冷水流入畓)	찬물받이 논	농혈증(膿血症)	피고름증
냉온(冷溫)	찬기	농후사료(濃厚飼料)	기름진 먹이
노	머위	뇌	봉오리
노계(老鷄)	묵은 닭	뇌수분(受粉)	봉오리 가루받이
노목(老木)	늙은 나무	누관(淚管)	눈물관
노숙유충(老熟幼蟲)	늙은 애벌레, 다 자란 유충	누낭(淚囊)	눈물 주머니
노임(勞賃)	품삯	누수답(漏水畓)	시루논
노지화초(露地花草)	한데 화초		
노폐물(老廢物)	묵은 찌꺼기	**ㄷ**	
노폐우(老廢牛)	늙은 소	다(茶)	차
노화(老化)	늙음	다년생(多年生)	여러해살이
노화묘(老化苗)	삭모	다년생초화(多年生草化)	여러해살이 꽃
노후화답(老朽化畓)	해식은 논	다독아(茶毒蛾)	차나무독나방
녹변(綠便)	푸른 똥	다두사육(多頭飼育)	무리기르기
녹비(綠肥)	풋거름	다모작(多毛作)	여러 번 짓기

다비재배(多肥栽培)	길게 가꾸기	단원형(短圓型)	둥근모양
다수확품종(多收穫品種)	소출 많은 품종	단위결과(單爲結果)	무수정 열매맺음
다육식물(多肉植物)	잎이나 줄기에 수분이 많은 식물	단위결실(單爲結實)	제꽃 열매맺이, 제꽃맺이
		단일성식물(短日性植物)	짧은볕식물
다즙사료(多汁飼料)	물기 많은 먹이	단자삽(團子揷)	경단꽂이
다화성잠저병(多化性蠶疽病)	누에쉬파리병	단작(單作)	홑짓기
다회육(多回育)	여러 번 치기	단제(單蹄)	홀굽
단각(斷角)	뿔자르기	단지(短枝)	짧은 가지
단간(斷稈)	짧은키	담낭(膽囊)	쓸개
단간수수형품종 (短稈穗數型品種)	키작고 이삭 많은 품종	담석(膽石)	쓸개돌
		담수(湛水)	물 담김
단간수중형품종 (短稈穗重型品種)	키작고 이삭 큰 품종	담수관개(湛水灌漑)	물 가두어 대기
		담수직파(湛水直播)	무논뿌림, 무논 바로 뿌리기
단경기(端境期)	때아닌 철	담자균류(子菌類)	자루곰팡이붙이, 자루곰팡이류
단과지(短果枝)	짧은 열매가지, 단과지	담즙(膽汁)	쓸개즙
단교잡종(單交雜種)	홑트기씨, 단교잡종	답리작(畓裏作)	논뒷그루
단근(斷根)	뿌리끊기	답입(踏壓)	밟기
단립구조(單粒構造)	홑알 짜임	답입(踏)	밟아넣기
단립구조(團粒構造)	떼알 짜임	답작(畓作)	논농사
단망(短芒)	짧은 가락	답전윤환(畓田輪換)	논밭 돌려짓기
단미(斷尾)	꼬리 자르기	답전작(畓前作)	논앞그루
단소전정(短剪定)	짧게 치기	답차륜(畓車輪)	논바퀴
단수(斷水)	물 끊기	답후작(畓後作)	논뒷그루
단시형(短翅型)	짧은날개꼴	당약(當藥)	쓴 풀
단아(單芽)	홑눈	대국(大菊)	왕국화, 대국
단아삽(短芽揷)	외눈꺾꽂이	대두(大豆)	콩
단안(單眼)	홑눈	대두박(大豆粕)	콩깻묵
단열재료(斷熱材料)	열을 막아주는 재료	대두분(大豆粉)	콩가루
단엽(單葉)	홑입	대두유(大豆油)	콩기름

대립(大粒)	굵은알	독제(毒劑)	독약, 독제
대립종(大粒種)	굵은씨	돈(豚)	돼지
대마(大麻)	삼	돈단독(豚丹毒)	돼지단독(병)
대맥(大麥)	보리, 겉보리	돈두(豚痘)	돼지마마
대맥고(大麥藁)	보릿짚	돈사(豚舍)	돼지우리
대목(臺木)	바탕나무, 바탕이 되는 나무	돈역(豚疫)	돼지돌림병
		돈콜레라(豚cholerra)	돼지콜레라
대목아(臺木牙)	대목눈	돈폐충(豚肺)	돼지폐충
대장(大腸)	큰창자	동고병(胴枯病)	줄기마름병
대추(大雛)	큰병아리	동기전정(冬期剪定)	겨울가지치기
대퇴(大腿)	넓적다리	동맥류(動脈瘤)	동맥혹
도(桃)	복숭아	동면(冬眠)	겨울잠
도고(稻藁)	볏짚	동모(冬毛)	겨울털
도국병(稻麴病)	벼이삭누룩병	동백과(冬栢科)	동백나무과
도근식엽충(稻根葉)	벼뿌리잎벌레	동복자(同腹子)	한배 새끼
도복(倒伏)	쓰러짐	동봉(動蜂)	일벌
도복방지(倒伏防止)	쓰러짐 막기	동비(冬肥)	겨울거름
도봉(盜蜂)	도둑벌	동사(凍死)	얼어죽음
도수로(導水路)	물 댈 도랑	동상해(凍霜害)	서리피해
도야도아(稻夜盜蛾)	벼도둑나방	동아(冬芽)	겨울눈
도장(徒長)	웃자람	동양리(東洋李)	동양자두
도장지(徒長枝)	웃자람 가지	동양리(東洋梨)	동양배
도적아충(挑赤)	복숭아붉은진딧물	동작(冬作)	겨울가꾸기
도체율(屠體率)	통고기율, 머리, 발목, 내장을 제외한 부분	동작물(冬作物)	겨울작물
		동절견(胴切繭)	허리 얇은 고치
도포제(塗布劑)	바르는 약	동채(冬菜)	무갓
도한(盜汗)	식은땀	동통(疼痛)	아픔
독낭(毒囊)	독주머니	동포자(冬胞子)	겨울 홀씨
독우(犢牛)	송아지	동할미(胴割米)	금간 쌀

동해(凍害)	언 피해	만생상(晩生桑)	늦뽕
두과목초(豆科牧草)	콩과 목초(풀)	만생종(晩生種)	늦씨, 늦게 가꾸는 씨앗
두과작물(豆科作物)	콩과작물	만성(蔓性)	덩굴쇠
두류(豆類)	콩류	만성식물(蔓性植物)	덩굴성식물, 덩굴식물
두리(豆李)	콩배	만숙(晩熟)	늦익음
두부(頭部)	머리, 두부	만숙립(晩熟粒)	늦여문알
두유(豆油)	콩기름	만식(晩植)	늦심기
두창(痘瘡)	마마, 두창	만식이앙(晩植移秧)	늦모내기
두화(頭花)	머리꽃	만식재배(晩植栽培)	늦심어 가꾸기
둔부(臀部)	궁둥이	만연(蔓延)	번짐, 퍼짐
둔성발정(鈍性發精)	미약한 발정	만절(蔓切)	덩굴치기
드릴파	좁은줄뿌림	만추잠(晩秋蠶)	늦가을누에
등숙기(登熟期)	여뭄 때	만파(晩播)	늦뿌림
등숙비(登熟肥)	여뭄 거름	만할병(蔓割病)	덩굴쪼개병
		만화형(蔓化型)	덩굴지기
		망사피복(網紗避覆)	망사덮기, 망사덮개
ㅁ		망입(網入)	그물넣기
마두(馬痘)	말마마	망장(芒長)	까락길이
마령서(馬鈴薯)	감자	망진(望診)	겉보기 진단, 보기 진단
마령서아(馬鈴薯蛾)	감자나방	망취법(網取法)	그물 떼내기법
마록묘병(馬鹿苗病)	키다리병	매(梅)	매실
마사(馬舍)	마굿간	매간(梅干)	매실절이
마쇄(磨碎)	갈아부수기, 갈부수기	매도(梅挑)	앵두
마쇄기(磨碎機)	갈아 부수개	매문병(煤紋病)	그을음무늬병, 매문병
마치종(馬齒種)	말이씨, 오목씨	매병(煤病)	그을음병
마포(麻布)	삼베, 마포	매초(埋草)	담근 먹이
만기재배(晩期栽培)	늦가꾸기	맥간류(麥稈類)	보릿짚류
만반(蔓返)	덩굴뒤집기	맥강(麥糠)	보릿겨
만상(晩霜)	늦서리	맥답(麥畓)	보리논
만상해(晩霜害)	늦서리 피해		

맥류(麥類)	보리류	모피(毛皮)	털가죽
맥발아충(麥髮蟲)	보리깔진딧물	목건초(牧乾草)	목초 말린풀
맥쇄(麥碎)	보리싸라기	목단(牧丹)	모란
맥아(麥蛾)	보리나방	목본류(木本類)	나무붙이
맥전답입(麥田踏壓)	보리밭 밟기, 보리 밟기	목야(초)지(牧野草地)	꼴밭, 풀밭
맥주맥(麥酒麥)	맥주보리	목제잠박(木製蠶箔)	나무채반, 나무누에채반
맥후작(麥後作)	모리뒷그루	목책(牧柵)	울타리, 목장 울타리
맹	등에	목초(牧草)	꼴, 풀
맹아(萌芽)	움	몽과(果)	망고
멀칭(mulching)	바닥덮기	몽리면적(蒙利面積)	물 댈 면적
면(眠)	잠	묘(苗)	모종
면견(綿繭)	솜고치	묘근(苗根)	모뿌리
면기(眠期)	잠잘때	묘대(苗垈)	못자리
면류(麵類)	국수류	묘대기(苗垈期)	못자리때
면실(棉實)	목화씨	묘령(苗齡)	모의 나이
면실박(棉實粕)	목화씨깻묵	묘매(苗)	멍석딸기
면실유(棉實油)	목화씨기름	묘목(苗木)	모나무
면양(緬羊)	털염소	묘상(苗床)	모판
면잠(眠蠶)	잠누에	묘판(苗板)	못자리
면제사(眠除沙)	잠똥갈이	무경운(無耕耘)	갈지 않음
면포(棉布)	무명(베), 면포	무기질토양(無機質土壤)	무기질 흙
면화(棉花)	목화	무망종(無芒種)	까락 없는 씨
명거배수(明渠排水)	겉도랑 물빼기, 겉도랑빼기	무종자과실(無種子果實)	씨 없는 열매
모계(母鷄)	어미닭	무증상감염(無症狀感染)	증상 없이 옮김
모계육추(母鷄育雛)	품어 기르기	무핵과(無核果)	씨없는 과실
모독우(牡犢牛)	황송아지, 수송아지	무효분얼기(無效分蘖期)	헛가지 치기
모돈(母豚)	어미돼지	무효분얼종지기	헛가지 치기 끝날 때
모본(母本)	어미그루	(無效分蘖終止期)	
모지(母枝)	어미가지	문고병(紋故病)	잎집무늬마름병

문단(文旦)	문단귤	반경지삽(半硬枝揷)	반굳은 가지꽂이,
미강(米糠)	쌀겨		반굳은꽂이
미경산우(未經産牛)	새끼 안낳는 소	반숙퇴비(半熟堆肥)	반썩은 두엄
미곡(米穀)	쌀	반억제재배(半抑制栽培)	반늦추어 가꾸기
미국(米麴)	쌀누룩	반엽병(斑葉病)	줄무늬병
미립(米粒)	쌀알	반전(反轉)	뒤집기
미립자병(微粒子病)	잔알병	반점(斑點)	얼룩점
미숙과(未熟課)	선열매, 덜 여문 열매	반점병(斑點病)	점무늬병
미숙답(未熟畓)	덜된 논	반촉성재배(半促成栽培)	반당겨 가꾸기
미숙립(未熟粒)	덜 여문 알	반추(反芻)	되새김
미숙잠(未熟蠶)	설익은 누에	반흔(瘢痕)	딱지자국
미숙퇴비(未熟堆肥)	덜썩은 두엄	발근(發根)	뿌리내림
미우(尾羽)	꼬리깃	발근제(發根劑)	뿌리내림약
미질(米質)	쌀의 질, 쌀품질	발근촉진(發根促進)	뿌리내림 촉진
밀랍(蜜蠟)	꿀밀	발병엽수(發病葉數)	병든 잎수
밀봉(蜜蜂)	꿀벌	발병주(發病株)	병든포기
밀사(密飼)	배게기르기	발아(發蛾)	싹트기, 싹틈
밀선(蜜腺)	꿀샘	발아적온(發芽適溫)	싹트기 알맞은 온도
밀식(密植)	배게심기, 빽빽하게 심기	발아촉진(發芽促進)	싹트기 촉진
밀원(蜜源)	꿀밭	발아최성기(發芽最盛期)	나방제철
밀파(密播)	배게뿌림, 빽빽하게 뿌림	발열(發熱)	열남, 열냄
		발우(拔羽)	털뽑기
ㅂ		발우기(拔羽機)	털뽑개
바인더(binder)	베어묶는 기계	발육부전(發育不全)	제대로 못자람
박(粕)	깻묵	발육사료(發育飼料)	자라는데 주는 먹이
박력분(薄力粉)	메진 밀가루	발육지(發育枝)	자람가지
박파(薄播)	성기게 뿌림	발육최성기(發育最盛期)	한창 자랄 때
박피(剝皮)	껍질벗기기	발정(發情)	암내
박피견(薄皮繭)	얇은고치	발한(發汗)	땀남

발효(醱酵)	띄우기	백부병(百腐病)	흰썩음병
방뇨(防尿)	오줌누기	백삽병(白澁病)	흰가루병
방목(放牧)	놓아 먹이기	백쇄미(白碎米)	흰싸라기
방사(放飼)	놓아 기르기	백수(白穗)	흰마름 이삭
방상(防霜)	서리막기	백엽고병(白葉枯病)	흰잎마름병
방풍(防風)	바람막이	백자(栢子)	잣
방한(防寒)	추위막이	백채(白菜)	배추
방향식물(芳香植物)	향기식물	백합과(百合科)	나리과
배(胚)	씨눈	변속기(變速機)	속도조절기
배뇨(排尿)	오줌 빼기	병과(病果)	병든 열매
배배양(胚培養)	씨눈배양	병반(病斑)	병무늬
배부식분무기	등으로 매는 분무기	병소(病巢)	병집
(背負式噴霧器)		병우(病牛)	병든 소
배부형(背負形)	등짐식	병징(病徵)	병증세
배상형(盃狀形)	사발꼴	보비력(保肥力)	거름을 지닐 힘
배수(排水)	물빼기	보수력(保水力)	물 지닐힘
배수구(排水溝)	물뺄 도랑	보수일수(保水日數)	물 지닐 일수
배수로(排水路)	물뺄 도랑	보식(補植)	메워서 심기
배아비율(胚芽比率)	씨눈비율	보양창흔(步樣瘡痕)	비틀거림
배유(胚乳)	씨젖	보정법(保定法)	잡아매기
배조맥아(焙燥麥芽)	말린 엿기름	보파(補播)	덧뿌림
배초(焙焦)	볶기	보행경직(步行硬直)	뻗장 걸음
배토(培土)	북주기, 흙 북돋아 주기	보행창흔(步行瘡痕)	비틀 걸음
배토기(培土機)	북주개, 작물사이의 흙을	복개육(覆蓋育)	덮어치기
	북돋아 주는데 사용하는 기계	복교잡종(複交雜種)	겹트기씨
백강병(白疆病)	흰굳음병	복대(覆袋)	봉지 씌우기
백리(白痢)	흰설사	복백(腹白)	겉백이
백미(白米)	흰쌀	복아(複芽)	겹눈
백반병(白斑病)	흰무늬병	복아묘(複芽苗)	겹눈모

복엽(腹葉)	겹잎	부주지(副主枝)	버금가지
복접(腹接)	허리접	부진자류(浮塵子類)	멸구매미충류
복지(匍枝)	기는 줄기	부초(敷草)	풀 덮기
복토(覆土)	흙덮기	부패병(腐敗病)	썩음병
복통(腹痛)	배앓이	부화(孵化)	알깨기, 알까기
복합아(複合芽)	겹눈	부화약충(孵化若)	갓 깬 애벌레
본답(本畓)	본논	분근(分根)	뿌리나누기
본엽(本葉)	본잎	분뇨(糞尿)	똥오줌
본포(本圃)	제밭, 본밭	분만(分娩)	새끼낳기
봉군(蜂群)	벌떼	분만간격(分娩間隔)	터울
봉밀(蜂蜜)	벌꿀, 꿀	분말(粉末)	가루
봉상(蜂箱)	벌통	분무기(噴霧機)	뿜개
봉침(蜂針)	벌침	분박(分箔)	채반가름
봉합선(縫合線)	솔기	분봉(分蜂)	벌통가르기
부고(敷藁)	깔짚	분사(粉飼)	가루먹이
부단급여(不斷給與)	대먹임, 계속 먹임	분상질소맥(粉狀質小麥)	메진 밀
부묘(浮苗)	뜬모	분시(分施)	나누어 비료주기
부숙(腐熟)	썩힘	분식(紛食)	가루음식
부숙도(腐熟度)	썩은 정도	분얼(分蘖)	새끼치기
부숙퇴비(腐熟堆肥)	썩은 두엄	분얼개도(分蘖開度)	포기 퍼짐새
부식(腐植)	써거리	분얼경(分蘖莖)	새끼친 줄기
부식토(腐植土)	써거리 흙	분얼기(分蘖期)	새끼칠 때
부신(副腎)	곁콩팥	분얼비(分蘖肥)	새끼칠 거름
부아(副芽)	덧눈	분얼수(分蘖數)	새끼친 수
부정근(不定根)	막뿌리	분얼절(分蘖節)	새끼마디
부정아(不定芽)	막눈	분얼최성기(分蘖最盛期)	새끼치기 한창 때
부정형견(不定形繭)	못생긴 고치	분의처리(粉依處理)	가루묻힘
부제병(腐蹄病)	발굽썩음병	분재(盆栽)	분나무
부종(浮種)	붓는 병	분제(粉劑)	가루약

분주(分株)	포기나눔	비효(肥效)	거름효과
분지(分枝)	가지벌기	빈독우(牝犢牛)	암송아지
분지각도(分枝角度)	가지벌림새	빈사상태(瀕死狀態)	다죽은 상태
분지수(分枝數)	번 가지수	빈우(牝牛)	암소
분지장(分枝長)	가지길이		
분총(分)	쪽파	ㅅ	
불면잠(不眠蠶)	못자는 누에	사(砂)	모래
불시재배(不時栽培)	때없이 가꾸기	사견양잠(絲繭養蠶)	실고치 누에치기
불시출수(不時出穗)	때없이 이삭패기,	사경(砂耕)	모래 가꾸기
	불시이삭패기	사과(絲瓜)	수세미
불용성(不溶性)	안녹는	사근접(斜根接)	뿌리엇접
불임도(不姙稻)	쭉정이벼	사낭(砂囊)	모래주머니
불임립(不稔粒)	쭉정이	사란(死卵)	곤달걀
불탈견아(不脫繭蛾)	못나온 나방	사력토(砂礫土)	자갈흙
비경(鼻鏡)	콧등, 코거울	사롱견(死籠繭)	번데기가 죽은 고치
비공(鼻孔)	콧구멍	사료(飼料)	먹이
비등(沸騰)	끓음	사료급여(飼料給與)	먹이주기
비료(肥料)	거름	사료포(飼料圃)	사료밭
비루(鼻淚)	콧물	사망(絲網)	실그물
비배관리(肥培管理)	거름주어 가꾸기	사면(四眠)	넉잠
비산(飛散)	흩날림	사멸온도(死滅溫度)	죽는 온도
비옥(肥沃)	걸기	사비료작물(飼肥料作物)	먹이 거름작물
비유(泌乳)	젖나기	사사(舍飼)	가둬 기르기
비육(肥育)	살찌우기	사산(死産)	죽은 새끼낳음
비육양돈(肥育養豚)	살돼지 기르기	사삼(沙蔘)	더덕
비음(庇陰)	그늘	사성휴(四盛畦)	네가웃지기
비장(臟)	지라	사식(斜植)	빗심기, 사식
비절(肥絶)	거름 떨어짐	사양(飼養)	치기, 기르기
비환(鼻環)	코뚜레	사양토(砂壤土)	모래참흙

사육(飼育)	기르기, 치기	삼투성(滲透性)	스미는 성질
사접(斜接)	엇접	삽목(揷木)	꺾꽂이
사조(飼槽)	먹이통	삽목묘(揷木苗)	꺾꽂이모
사조맥(四條麥)	네모보리	삽목상(揷木床)	꺾꽂이 모판
사총(絲葱)	실파	삽미(澁味)	떫은 맛
사태아(死胎兒)	죽은 태아	삽상(揷床)	꺾꽂이 모판
사토(砂土)	모래흙	삽수(揷穗)	꺾꽂이순
삭	다래	삽시(揷柿)	떫은 감
삭모(削毛)	털깎기	삽식(揷植)	꺾꽂이
삭아접(削芽接)	깍기눈접	삽접(揷接)	꽂이접
삭제(削蹄)	발굽깎기, 굽깎기	상(床)	모판
산과앵도(酸果櫻挑)	신앵두	상개각충(桑介殼)	뽕깍지 벌레
산도교정(酸度橋正)	산성고치기	상견(上繭)	상등고치
산란(産卵)	알낳기	상면(床面)	모판바닥
산리(山李)	산자두	상명아(桑螟蛾)	뽕나무명나방
산미(酸味)	신맛	상묘(桑苗)	뽕나무묘목
산상(山桑)	산뽕	상번초(上繁草)	키가 크고 잎이 위쪽에
산성토양(酸性土壤)	산성흙		많은 풀
산식(散植)	흩어심기	상습지(常習地)	자주나는 곳
산약(山藥)	마	상심(桑)	오디
산양(山羊)	염소	상심지영승(湘芯止蠅)	뽕나무순혹파리
산양유(山羊乳)	염소젖	상아고병(桑芽枯病)	뽕나무눈마름병,
산유(酸乳)	젖내기		뽕눈마름병
산유량(酸乳量)	우유 생산량	상엽(桑葉)	뽕잎
산육량(産肉量)	살코기량	상엽충(桑葉)	뽕잎벌레
산자수(産仔數)	새끼수	상온(床溫)	모판온도
산파(散播)	흩뿌림	상위엽(上位葉)	윗잎
산포도(山葡萄)	머루	상자육(箱子育)	상자치기
살분기(撒粉機)	가루뿜개	상저(上藷)	상고구마

상전(桑田)	뽕밭	서과(西瓜)	수박
상족(上蔟)	누에올리기	서류(薯類)	감자류
상주(霜柱)	서릿발	서상층(鋤床層)	쟁기밑층
상지척확(桑枝尺蠖)	뽕나무자벌레	서양리(西洋李)	양자두
상천우(桑天牛)	뽕나무하늘소	서혜임파절(鼠蹊淋巴節)	사타구니임파절
상토(床土)	모판흙	석답(潟畓)	갯논
상폭(上幅)	윗너비, 상폭	석분(石粉)	돌가루
상해(霜害)	서리피해	석회고(石灰藁)	석회짚
상흔(傷痕)	흉터	석회석분말(石灰石粉末)	석회가루
색택(色澤)	빛깔	선견(選繭)	고치 고르기
생견(生繭)	생고치	선과(選果)	과실 고르기
생경중(生莖重)	풋줄기무게	선단고사(先端枯死)	끝마름
생고중(生藁重)	생짚 무게	선단벌채(先端伐採)	끝베기
생돈(生豚)	생돼지	선란기(選卵器)	알고르개
생력양잠(省力養蠶)	노동력 줄여 누에치기	선모(選毛)	털고르기
생력재배(省力栽培)	노동력 줄여 가꾸기	선종(選種)	씨고르기
생사(生飼)	날로 먹이기	선택성(選擇性)	가릴성
생시체중(生時體重)	날때 몸무게	선형(扇形)	부채꼴
생식(生食)	날로 먹기	선회운동(旋回運動)	맴돌이운동, 맴돌이
생유(生乳)	날젖	설립(粒)	쭉정이
생육(生肉)	날고기	설미(米)	쭉정이쌀
생육상(生育狀)	자라는 모양	설서(薯)	잔감자
생육적온(生育適溫)	자라기 적온,	설저(藷)	잔고구마
	자라기 맞는 온도	설하선(舌下腺)	혀밑샘
생장률(生長率)	자람비율	설형(楔形)	쐐기꼴
생장조정제(生長調整劑)	생장조정약	섬세지(纖細枝)	실가지
생전분(生澱粉)	날녹말	섬유장(纖維長)	섬유길이
서(黍)	기장	성계(成鷄)	큰닭
서강사료(薯糠飼料)	겨감자먹이	성과수(成果樹)	자란 열매나무

성돈(成豚)	자란 돼지	소맥고(小麥藁)	밀짚
성목(成木)	자란 나무	소맥부(小麥)	밀기울
성묘(成苗)	자란 모	소맥분(小麥粉)	밀가루
성숙기(成熟期)	익음 때	소문(巢門)	벌통문
성엽(成葉)	다자란 잎, 자란 잎	소밀(巢蜜)	개꿀, 벌통에서 갓 떼어내
성장률(成長率)	자람 비율		벌집에 그대로 들어있는 꿀
성추(成雛)	큰병아리	소비(巢脾)	밀랍으로 만든 벌집
성충(成蟲)	어른벌레	소비재배(小肥栽培)	거름 적게 주어 가꾸기
성토(成兎)	자란 토끼	소상(巢箱)	벌통
성토법(盛土法)	묻어떼기	소식(疎植)	성글게 심기, 드물게 심기
성하기(盛夏期)	한여름	소양증(瘙痒症)	가려움증
세균성연화병	세균무름병	소엽(蘇葉)	차조기잎, 차조기
(細菌性軟化病)		소우(素牛)	밑소
세근(細根)	잔뿌리	소잠(掃蠶)	누에떨기
세모(洗毛)	털 씻기	소주밀식(小株密植)	적게 잡아 배게심기
세잠(細蠶)	가는 누에	소지경(小枝梗)	벼알가지
세절(細切)	잘게 썰기	소채아(小菜蛾)	배추좀나방
세조파(細條播)	가는 줄뿌림	소초(巢礎)	벌집틀바탕
세지(細枝)	잔가지	소토(燒土)	흙 태우기
세척(洗滌)	씻기	속(束)	묶음, 다발, 뭇
소각(燒却)	태우기	속(粟)	조
소광(巢)	벌집틀	속명충(粟螟)	조명나방
소국(小菊)	잔국화	속성상전(速成桑田)	속성 뽕밭
소낭(囊)	모이주머니	속성퇴비(速成堆肥)	빨리 썩을 두엄
소두(小豆)	팥	속야도충(粟夜盜)	멸강나방
소두상충(小豆象)	팥바구미	속효성(速效性)	빨리 듣는
소립(小粒)	잔알	쇄미(碎米)	싸라기
소립종(小粒種)	잔씨	쇄토(碎土)	흙 부수기
소맥(小麥)	밀	수간(樹間)	나무 사이

수견(收繭)	고치따기	수수형(穗數型)	이삭 많은 형
수경재배(水耕栽培)	물로 가꾸기	수양성하리(水性下痢)	물똥설사
수고(樹高)	나무키	수엽량(收葉量)	뽕 거둠량
수고병(穗枯病)	이삭마름병	수아(收蛾)	나방 거두기
수광(受光)	빛살받기	수온(水溫)	물온도
수도(水稻)	벼	수온상승(水溫上昇)	물온도 높이기
수도이앙기(水稻移秧機)	모심개	수용성(水溶性)	물에 녹는
수동분무기(手動噴霧器)	손뿜개	수용제(水溶劑)	물녹임약
수두(獸痘)	짐승마마	수유(受乳)	젖받기, 젖주기
수령(樹)	나무사이	수유율(受乳率)	기름내는 비율
수로(水路)	도랑	수이(水飴)	물엿
수리불안전답	물 사정 나쁜 논	수장(穗長)	이삭길이
(水利不安全畓)		수전기(穗期)	이삭 거의 팼을 때
수리안전답(水利安全畓)	물 사정 좋은 논	수정(受精)	정받이
수면처리(水面處理)	물 위 처리	수정란(受精卵)	정받이알
수모(獸毛)	짐승털	수조(水)	물통
수묘대(水苗垈)	물 못자리	수종(水腫)	물종기
수밀(蒐蜜)	꿀 모으기	수중형(穗重型)	큰이삭형
수발아(穗發芽)	이삭 싹나기	수차(手車)	손수레
수병(銹病)	녹병	수차(水車)	물방아
수분(受粉)	꽃가루받이, 가루받이	수척(瘦瘠)	여윔
수분(水分)	물기	수침(水浸)	물잠김
수분수(授粉樹)	가루받이 나무	수태(受胎)	새끼배기
수비(穗肥)	이삭거름	수포(水泡)	물집
수세(樹勢)	나무자람새	수피(樹皮)	나무 껍질
수수(穗數)	이삭수	수형(樹形)	나무 모양
수수(穗首)	이삭목	수형(穗形)	이삭 모양
수수도열병(穗首稻熱病)	목도열병	수화제(水和劑)	물풀이약
수수분화기(穗首分化期)	이삭 생길 때	수확(收穫)	거두기

수확기(收穫機)	거두는 기계	식부(植付)	심기
숙근성(宿根性)	해묵이	식상(植傷)	몸살
숙기(熟期)	익음 때	식상(植桑)	뽕나무심기
숙도(熟度)	익은 정도	식습관(食習慣)	먹는 버릇
숙면기(熟眠期)	깊은 잠 때	식양토(埴壤土)	질참흙
숙사(熟飼)	끊여 먹이기	식염(食鹽)	소금
숙잠(熟蠶)	익은 누에	식염첨가(食鹽添加)	소금치기
숙전(熟田)	길든 밭	식우성(食羽性)	털 먹는 버릇
숙지삽(熟枝揷)	굳가지꽂이	식이(食餌)	먹이
숙채(熟菜)	익힌 나물	식재거리(植栽距離)	심는 거리
순찬경법(順次耕法)	차례 갈기	식재법(植栽法)	심는 법
순치(馴致)	길들이기	식토(植土)	질흙
순화(馴化)	길들이기, 굳히기	식하량(食下量)	먹는 양
순환관개(循環觀漑)	돌려 물대기	식해(害)	갉음 피해
순회관찰(巡廻觀察)	돌아보기	식혈(植穴)	심을 구덩이
습답(濕畓)	고논	식흔(痕)	먹은 흔적
습포육(濕布育)	젖은 천 덮어치기	신미종(辛味種)	매운 품종
승가(乘駕)	교배를 위해 등에	신소(新)	새가지, 새순
	올라타는 것	신소삽목(新揷木)	새순 꺾꽂이
시(柿)	감	신소엽량(新葉量)	새순 잎량
시비(施肥)	거름주기, 비료주기	신엽(新葉)	새잎
시비개선(施肥改善)	거름주는 방법을 좋게	신장(腎臟)	콩팥, 신장
	바꿈	신장기(伸張期)	줄기자람 때
시비기(施肥機)	거름주개	신장절(伸張節)	자란 마디
시산(始産)	처음 낳기	신지(新枝)	새가지
시실아(柿實蛾)	감꼭지나방	신품종(新品種)	새품종
시진(視診)	살펴보기 진단, 보기진단	실면(實棉)	목화
시탈삽(柿脫澁)	감우림	실생묘(實生苗)	씨모
식단(食單)	차림표	실생번식(實生繁殖)	씨로 불림

심경(深耕)	깊이 갈이	암발아종자(暗發芽種子)	그늘받이씨
심경다비(深耕多肥)	깊이 갈아 걸우기	암최청(暗催靑)	어둠 알깨기
심고(芯枯)	순마름	압궤(壓潰)	눌러 으깨기
심근성(深根性)	깊은 뿌리성	압사(壓死)	깔려죽음
심부병(深腐病)	속썩음병	압조법(壓條法)	휘묻이
심수관개(深水灌漑)	물 깊이대기, 깊이대기	압착기(壓搾機)	누름틀
심식(深植)	깊이심기	액비(液肥)	물거름, 액체비료
심엽(心葉)	속잎	액아(腋芽)	겨드랑이눈
심지(芯止)	순멎음, 순멎이	액제(液劑)	물약
심층시비(深層施肥)	깊이 거름주기	액체비료(液體肥料)	물거름
심토(心土)	속흙	앵속(罌粟)	양귀비
심토층(心土層)	속흙층	야건초(野乾草)	말린들풀
십자화과(十字花科)	배추과	야도아(夜盜蛾)	도둑나방
		야도충(夜盜)	도둑벌레, 밤나방의 어린 벌레

ㅇ

아(芽)	눈	야생초(野生草)	들풀
아(蛾)	나방	야수(野獸)	들짐승
아고병(芽枯病)	눈마름병	야자유(椰子油)	야자기름
아삽(芽揷)	눈꽂이	야잠견(野蠶繭)	들누에고치
아접(芽接)	눈접	야적(野積)	들가리
아접도(芽接刀)	눈접칼	야초(野草)	들풀
아주지(亞主枝)	버금가지	약(葯)	꽃밥
아충	진딧물	약목(若木)	어린 나무
악	꽃받침	약빈계(若牝鷄)	햇암탉
악성수종(惡性水腫)	악성물종기	약산성토양(弱酸性土壤)	약한 산성흙
악편(片)	꽃받침조각	약숙(若熟)	덜익음
안(眼)	눈	약염기성(弱鹽基性)	약한 알칼리성
안점기(眼点期)	점보일 때	약웅계(若雄鷄)	햇수탉
암거배수(暗渠排水)	속도랑 물빼기	약지(弱枝)	약한 가지

약지(若枝)	어린 가지	언지법(偃枝法)	휘묻이
약충(若)	애벌레, 유충	얼자(蘖子)	새끼가지
약토(若兎)	어린 토끼	엔시리지(ensilage)	담근먹이
양건(乾)	볕에 말리기	여왕봉(女王蜂)	여왕벌
양계(養鷄)	닭치기	역병(疫病)	돌림병
양돈(養豚)	돼지치기	역용우(役用牛)	일소
양두(羊痘)	염소마마	역우(役牛)	일소
양마(洋麻)	양삼	역축(役畜)	일가축
양맥(洋麥)	호밀	연가조상수확법	연간 가지 뽕거두기
양모(羊毛)	양털	연골(軟骨)	물렁뼈
양묘(養苗)	모 기르기	연구기(燕口期)	잎펼 때
양묘육성(良苗育成)	좋은 모 기르기	연근(蓮根)	연뿌리
양봉(養蜂)	벌치기	연맥(燕麥)	귀리
양사(羊舍)	양우리	연부병(軟腐病)	무름병
양상(揚床)	돋움 모판	연사(練飼)	이겨 먹이기
양수(揚水)	물 푸기	연상(練床)	이긴 모판
양수(羊水)	새끼집 물	연수(軟水)	단물
양열재료(釀熱材料)	열 낼 재료	연용(連用)	이어쓰기
양유(羊乳)	양젖	연이법(練餌法)	반죽먹이기
양육(羊肉)	양고기	연작(連作)	이어짓기
양잠(養蠶)	누에치기	연초야아(煙草夜蛾)	담배나방
양접(揚接)	딴자리접	연하(嚥下)	삼킴
양질미(良質米)	좋은 쌀	연화병(軟化病)	무름병
양토(壤土)	참흙	연화재배(軟化栽培)	연하게 가꾸기
양토(養兎)	토끼치기	열과(裂果)	열매터짐, 터진열매
어란(魚卵)	말린 생선알, 생선알	열구(裂球)	통터짐, 알터짐, 터진알
어분(魚粉)	생선가루	열근(裂根)	뿌리터짐, 터진 뿌리
어비(魚肥)	생선거름	열대과수(熱帶果樹)	열대 과일나무
억제재배(抑制栽培)	늦추어가꾸기	열엽(裂葉)	갈래잎

염기성(鹽基性)	알칼리성	엽선(葉先)	잎끝
염기포화도(鹽基飽和度)	알칼리포화도	엽선절단(葉先切斷)	잎끝자르기
염료(染料)	물감	엽설(葉舌)	잎혀
염료작물(染料作物)	물감작물	엽신(葉身)	잎새
염류농도(鹽類濃度)	소금기 농도	엽아(葉芽)	잎눈
염류토양(鹽類土壤)	소금기 흙	엽연(葉緣)	잎가선
염수(鹽水)	소금물	엽연초(葉煙草)	잎담배
염수선(鹽水選)	소금물 가리기	엽육(葉肉)	잎살
염안(鹽安)	염화암모니아	엽이(葉耳)	잎귀
염장(鹽藏)	소금저장	엽장(葉長)	잎길이
염중독증(鹽中毒症)	소금중독증	엽채류(葉菜類)	잎채소류, 잎채소붙이
염증(炎症)	곪음증	엽초(葉)	잎집
염지(鹽漬)	소금절임	엽폭(葉幅)	잎 너비
염해(鹽害)	짠물해	영견(營繭)	고치짓기
염해지(鹽害地)	짠물해 땅	영계(鷄)	약병아리
염화가리(鹽化加里)	염화칼리	영년식물(永年植物)	오래살이 작물
엽고병(葉枯病)	잎마름병	영양생장(營養生長)	몸자람
엽권병(葉倦病)	잎말이병	영화(穎化)	이삭꽃
엽권충(葉倦)	잎말이나방	영화분화기(穎化分化期)	이삭꽃 생길 때
엽령(葉齡)	잎나이	예도(刈倒)	베어 넘김
엽록소(葉綠素)	잎파랑이	예찰(豫察)	미리 살핌
엽맥(葉脈)	잎맥	예초(刈草)	풀베기
엽면살포(葉面撒布)	잎에 뿌리기	예초기(刈草機)	풀베개
엽면시비(葉面施肥)	잎에 거름주기	예취(刈取)	베기
엽면적(葉面積)	잎면적	예취기(刈取機)	풀베개
엽병(葉炳)	잎자루	예폭(刈幅)	벨너비
엽비(葉)	응애	오모(汚毛)	더러운 털
엽삽(葉揷)	잎꽂이	오수(汚水)	더러운 물
엽서(葉序)	잎차례	오염견(汚染繭)	물든 고치

옥견(玉繭)	쌍고치	요절병(腰折病)	잘록병
옥사(玉絲)	쌍고치실	욕광최아(浴光催芽)	햇볕에서 싹띄우기
옥외육(屋外育)	한데치기	용수로(用水路)	물대기 도랑
옥촉서(玉蜀黍)	옥수수	용수원(用水源)	끝물
옥총(玉)	양파	용제(溶劑)	녹는 약
옥총승(玉繩)	고자리파리	용탈(溶脫)	녹아 빠짐
옥토(沃土)	기름진 땅	용탈증(溶脫症)	녹아 빠진 흙
온수관개(溫水灌漑)	더운 물대기	우(牛)	소
온욕법(溫浴法)	더운 물담그기	우결핵(牛結核)	소결핵
완두상충(豌豆象)	완두바구미	우량종자(優良種子)	좋은 씨앗
완숙(完熟)	다익음	우모(羽毛)	깃털
완숙과(完熟果)	익은 열매	우사(牛舍)	외양간
완숙퇴비(完熟堆肥)	다썩은 두엄	우상(牛床)	축사에 소를 1마리씩
완전변태(完全變態)	갖춘 탈바꿈		수용하기 위한 구획
완초(莞草)	왕골	우승(牛蠅)	쇠파리
완효성(緩效性)	천천히 듣는	우육(牛肉)	쇠고기
왕대(王臺)	여왕벌집	우지(牛脂)	쇠기름
왕봉(王蜂)	여왕벌	우형기(牛衡器)	소저울
왜성대목(倭性臺木)	난장이 바탕나무	우회수로(迂廻水路)	돌림도랑
외곽목책(外廓木柵)	바깥울	운형병(雲形病)	수탉
외래종(外來種)	외래품종	웅봉(雄蜂)	수벌
외반경(外返耕)	바깥 돌아갈이	웅성불임(雄性不稔)	고자성
외상(外傷)	겉상처	웅수(雄穗)	수이삭
외피복(外被覆)	겉덮기, 겊덮개	웅예(雄)	수술
요(尿)	오줌	웅추(雄雛)	수평아리
요도결석(尿道結石)	오줌길에 생긴 돌	웅충(雄)	수벌레
요독증(尿毒症)	오줌독 증세	웅화(雄花)	수꽃
요실금(尿失禁)	오줌 흘림	원경(原莖)	원줄기
요의빈삭(尿意頻數)	오줌 자주 마려움	원추형(圓錐形)	원뿔꽃

원형화단(圓形花壇)	둥근 꽃밭	유상(濡桑)	물뽕
월과(越瓜)	김치오이	유선(乳腺)	젖줄, 젖샘
월년생(越年生)	두해살이	유수(幼穗)	어린 이삭
월동(越冬)	겨울나기	유수분화기(幼穗分化期)	이삭 생길 때
위임신(偽妊娠)	헛배기	유수형성기(幼穗形成期)	배동받이 때
위조(萎凋)	시듦	유숙(乳熟)	젖 익음
위조계수(萎凋係數)	시듦값	유아(幼芽)	어린 싹
위조점(萎凋点)	시들점	유아등(誘蛾燈)	꾀임등
위축병(萎縮病)	오갈병	유안(硫安)	황산암모니아
위황병(萎黃病)	누른오갈병	유압(油壓)	기름 압력
유(柚)	유자	유엽(幼葉)	어린 잎
유근(幼根)	어린 뿌리	유우(乳牛)	젖소
유당(乳糖)	젖당	유우(幼牛)	애송아지
유도(油桃)	민복숭아	유우사(乳牛舍)	젖소외양간, 젖소간
유두(乳頭)	젖꼭지	유인제(誘引劑)	꾀임약
유료작물(有料作物)	기름작물	유제(油劑)	기름약
유목(幼木)	어린 나무	유지(乳脂)	젖기름
유묘(幼苗)	어린모	유착(癒着)	엉겨 붙음
유박(油粕)	깻묵	유추(幼雛)	햇병아리, 병아리
유방염(乳房炎)	젖알이	유추사료(幼雛飼料)	햇병아리 사료
유봉(幼蜂)	새끼벌	유축(幼畜)	어린 가축
유산(乳酸)	젖산	유충(幼蟲)	애벌레, 약충
유산(流産)	새끼지우기	유토(幼兎)	어린 토끼
유산가리(酸加里)	황산가리	유합(癒合)	아뭄
유산균(乳酸菌)	젖산균	유황(黃)	황
유산망간(酸mangan)	황산망간	유황대사(黃代謝)	황대사
유산발효(乳酸醱酵)	젖산 띄우기	유황화합물(黃化合物)	황화합물
유산양(乳山羊)	젖염소	유효경비율(有效莖比率)	참줄기비율
유살(誘殺)	꾀어 죽이기	유효분얼최성기	참 새끼치기 최성기

(有效分蘖最盛期)		의빈대(疑牝臺)	암틀
유효분얼 한계기	참 새끼치기 한계기	의잠(蟻蠶)	개미누에
유효분지수(有效分枝數)	참가지수, 유효가지수	이(李)	자두
유효수수(有效穗數)	참이삭수	이(梨)	배
유휴지(遊休地)	묵힌 땅	이개(耳介)	귓바퀴
육계(肉鷄)	고기를 위해 기르는 닭,	이기작(二期作)	두 번 짓기
	식육용 닭	이년생화초(二年生花草)	두해살이 화초
육도(陸稻)	밭벼	이대소야아(二帶小夜蛾)	벼애나방
육돈(陸豚)	살돼지	이면(二眠)	두잠
육묘(育苗)	모기르기	이모작(二毛作)	두 그루갈이
육묘대(陸苗垈)	밭모판, 밭못자리	이박(飴粕)	엿밥
육묘상(育苗床)	못자리	이백삽병(裏白澁病)	뒷면흰가루병
육성(育成)	키우기	이병(痢病)	설사병
육아재배(育芽栽培)	싹내 가꾸기	이병경률(罹病莖率)	병든 줄기율
육우(肉牛)	고기소	이병묘(罹病苗)	병든 모
육잠(育蠶)	누에치기	이병성(罹病性)	병 걸림성
육즙(肉汁)	고기즙	이병수율(罹病穗率)	병든 이삭률
육추(育雛)	병아리기르기	이병식물(罹病植物)	병든 식물
윤문병(輪紋病)	테무늬병	이병주(罹病株)	병든 포기
윤작(輪作)	돌려짓기	이병주율(罹病株率)	병든 포기율
윤환방목(輪換放牧)	옮겨 놓아 먹이기	이식(移植)	옮겨심기
윤환채초(輪換採草)	옮겨 풀베기	이앙밀도(移秧密度)	모내기뱀새
율(栗)	밤	이야포(二夜包)	한밤 묵히기
은아(隱芽)	숨은 눈	이유(離乳)	젖떼기
음건(陰乾)	그늘 말리기	이주(梨酒)	배술
음수량(飮水量)	물먹는 양	이품종(異品種)	다른 품종
음지답(陰地畓)	응달논	이하선(耳下線)	귀밑샘
응집(凝集)	엉김, 응집	이형주(異型株)	다른 꼴 포기
응혈(凝血)	피 엉김	이화명충(二化螟)	이화명나방

이환(罹患)	병 걸림	입란(入卵)	알넣기
이희심식충(梨姬心食)	배명나방	입색(粒色)	낟알색
익충(益)	이로운 벌레	입수계산(粒數計算)	낟알 셈
인경(鱗莖)	비늘줄기	입제(粒劑)	싸락약
인공부화(人工孵化)	인공알깨기	입중(粒重)	낟알 무게
인공수정(人工受精)	인공 정받이	입직기(織機)	가마니틀
인공포유(人工哺乳)	인공 젖먹이기	잉여노동(剩餘勞動)	남는 노동
인안(鱗安)	인산암모니아		
인입(引入)	끌어들임	**ㅈ**	
인접주(隣接株)	옆그루	자(刺)	가시
인초(藺草)	골풀	자가수분(自家受粉)	제 꽃가루 받이
인편(鱗片)	쪽	자견(煮繭)	고치삶기
인후(咽喉)	목구멍	자궁(子宮)	새끼집
일건(日乾)	볕말림	자근묘(自根苗)	제뿌리 모
일고(日雇)	날품	자돈(仔豚)	새끼돼지
일년생(一年生)	한해살이	자동급사기(自動給飼機)	자동 먹이틀
일륜차(一輪車)	외바퀴수레	자동급수기(自動給水機)	자동물주개
일면(一眠)	첫잠	자만(子蔓)	아들덩굴
일조(日照)	볕	자묘(子苗)	새끼모
일협립수(1莢粒數)	꼬투리당 일수	자반병(紫斑病)	자주무늬병
임돈(姙豚)	새끼밴 돼지	자방(子房)	씨방
임신(姙娠)	새끼배기	자방병(子房病)	씨방자루
임신징후(姙娠徵候)	임신기, 새깨밴 징후	자산양(子山羊)	새끼염소
임실(稔實)	씨여뭄	자소(紫蘇)	차조기
임실유(荏實油)	들기름	자수(雌穗)	암이삭
입고병(立枯病)	잘록병	자아(雌蛾)	암나방
입단구조(粒團構造)	떼알구조	자연초지(自然草地)	자연 풀밭
입도선매(立稻先賣)	벼베기 전 팔이, 베기 전 팔이	자엽(子葉)	떡잎
		자예(雌)	암술

자웅감별(雌雄鑑別)	암술 가리기	잠엽충(潛葉)	잎굴나방
자웅동체(雌雄同體)	암수 한 몸	잠작(蠶作)	누에되기
자웅분리(雌雄分離)	암수 가리기	잠족(蠶簇)	누에섶
자저(煮藷)	찐고구마	잠종(蠶種)	누에씨
자추(雌雛)	암평아리	잠종상(蠶種箱)	누에씨상자
자침(刺針)	벌침	잠좌지(蠶座紙)	누에 자리종이
자화(雌花)	암꽃	잡수(雜穗)	잡이삭
자화수정(自花受精)	제 꽃가루받이,	장간(長稈)	큰키
	제 꽃 정받이	장과지(長果枝)	긴열매가지
작부체계(作付體系)	심기차례	장관(腸管)	창자
작열감(灼熱感)	모진 아픔	장망(長芒)	긴까락
작조(作條)	골타기	장방형식(長方形植)	긴모꼴심기
작토(作土)	갈이 흙	장시형(長翅型)	긴날개꼴
작형(作型)	가꿈꼴	장일성식물(長日性植物)	긴볕 식물
작황(作況)	되는 모양, 농작물의	장일처리(長日處理)	긴볕 쬐기
	자라는 상황	장잠(壯蠶)	큰누에
작휴재배(作畦栽培)	이랑가꾸기	장중첩(腸重疊)	창자 겹침
잔상(殘桑)	남은 뽕	장폐색(腸閉塞)	창자 막힘
잔여모(殘餘苗)	남은 모	재발아(再發芽)	다시 싹나기
잠가(蠶架)	누에 시렁	재배작형(栽培作型)	가꾸기꼴
잠견(蠶繭)	누에고치	재상(栽桑)	뽕가꾸기
잠구(蠶具)	누에연모	재생근(再生根)	되난뿌리
잠란(蠶卵)	누에 알	재식(栽植)	심기
잠령(蠶齡)	누에 나이	재식거리(栽植距離)	심는 거리
잠망(蠶網)	누에 그물	재식면적(栽植面積)	심는 면적
잠박(蠶箔)	누에 채반	재식밀도(栽植密度)	심음배기, 심었을 때
잠복아(潛伏芽)	숨은 눈		빽빽한 정도
잠사(蠶絲)	누에실, 잠실	저(楮)	닥나무, 닥
잠아(潛芽)	숨은 눈	저견(貯繭)	고치 저장

저니토(低泥土)	시궁흙	적상(摘桑)	뽕따기
저마(苧麻)	모시	적상조(摘桑爪)	뽕가락지
저밀(貯蜜)	꿀갈무리	적성병(赤星病)	붉음별무늬병
저상(貯桑)	뽕저장	적수(摘穗)	송이솎기
저설온상(低說溫床)	낮은 온상	적심(摘芯)	순지르기
저수답(貯水畓)	물받이 논	적아(摘芽)	눈따기
저습지(低濕地)	질펄 땅, 진 땅	적엽(摘葉)	잎따기
저위생산답(低位生産畓)	소출낮은 논	적예(摘)	순지르기
저위예취(低位刈取)	낮추베기	적의(赤蟻)	붉은개미누에
저작구(咀嚼口)	씹는 입	적토(赤土)	붉은 흙
저작운동(咀嚼運動)	씹기 운동, 씹기	적화(摘花)	꽃솎기
저장(貯藏)	갈무리	전륜(前輪)	앞바퀴
저항성(低抗性)	버틸성	전면살포(全面撒布)	전면뿌리기
저해견(害繭)	구더기난 고치	전모(剪毛)	털깍기
저휴(低畦)	낮은 이랑	전묘대(田苗垈)	밭못자리
적고병(赤枯病)	붉은마름병	전분(澱粉)	녹말
적과(摘果)	열매솎기	전사(轉飼)	옮겨 기르기
적과협(摘果鋏)	열매솎기 가위	전시포(展示圃)	본보기논, 본보기밭
적기(適期)	제때, 제철	전아육(全芽育)	순뽕치기
적기방제(適期防除)	제때 방제	전아육성(全芽育成)	새순 기르기
적기예취(適期刈取)	제때 베기	전염경로(傳染經路)	옮은 경로
적기이앙(適期移秧)	제때 모내기	전엽육(全葉育)	잎뽕치기
적기파종(適期播種)	제때 뿌림	전용상전(專用桑田)	전용 뽕밭
적량살포(適量撒布)	알맞게 뿌리기	전작(前作)	앞그루
적량시비(適量施肥)	알맞은 양 거름주기	전작(田作)	밭농사
적뢰(摘)	봉오리 따기	전작물(田作物)	밭작물
적립(摘粒)	알솎기	전정(剪定)	다듬기
적맹(摘萌)	눈솎기	전정협(剪定鋏)	다듬가위
적미병(摘微病)	붉은곰팡이병	전지(前肢)	앞다리

전지(剪枝)	가지 다듬기	접지(接枝)	접가지
전지관개(田地灌漑)	밭물대기	접지압(接地壓)	땅누름 압력
전직장(前直腸)	앞곧은 창자	정곡(精穀)	알곡
전층시비(全層施肥)	거름흙살 섞어주기	정마(精麻)	속삼
절간(切干)	썰어 말리기	정맥(精麥)	보리쌀
절간(節間)	마디사이	정맥강(精麥糠)	몽근쌀 비율
절간신장기(節間伸長期)	마디 자랄 때	정맥비율(精麥比率)	보리쌀 비율
절간장(節稈長)	마디길이	정선(精選)	잘 고르기
절개(切開)	가름	정식(定植)	아주심기
절근아법(切根芽法)	뿌리눈접	정아(頂芽)	끝눈
절단(切斷)	자르기	정엽량(正葉量)	잎뽕량
절상(切傷)	베인 상처	정육(精肉)	살코기
절수재배(節水栽培)	물 아껴 가꾸기	정제(錠劑)	알약
절접(切接)	깍기접	정조(正租)	알벼
절토(切土)	흙깍기	정조식(正租式)	줄모
절화(折花)	꽃이꽃	정지(整地)	땅고르기
절흔(切痕)	베인 자국	정지(整枝)	가지고르기
점등사육(點燈飼育)	불켜 기르기	정화아(頂花芽)	끝꽃눈
점등양계(點燈養鷄)	불켜 닭기르기	제각(除角)	뿔 없애기, 뿔 자르기
점적식관수(点滴式灌水)	방울 물주기	제경(除莖)	줄기치기
점진최청(漸進催靑)	점진 알깨기	제과(製菓)	과자만들기
점청기(点靑期)	점보일 때	제대(臍帶)	탯줄
점토(粘土)	찰흙	제대(除袋)	봉지 벗기기
점파(点播)	점뿌림	제동장치(制動裝置)	멈춤장치
접도(接刀)	접칼	제마(製麻)	삼 만들기
접목묘(接木苗)	접나무모	제맹(除萌)	순따기
접삽법(接揷法)	접꽂아	제면(製麵)	국수 만들기
접수(接穗)	접순	제사(除沙)	똥갈이
접아(接芽)	접눈	제심(除心)	속대 자르기

제염(除鹽)	소금빼기	종견(種繭)	씨고치
제웅(除雄)	수술치기	종계(種鷄)	씨닭
제점(臍点)	배꼽	종구(種球)	씨알
제족기(第簇機)	섶틀	종균(種菌)	씨균
제초(除草)	김매기	종근(種根)	씨뿌리
제핵(除核)	씨빼기	종돈(種豚)	씨돼지
조(棗)	대추	종란(種卵)	씨알
조간(條間)	줄 사이	종모돈(種牡豚)	씨수퇘지
조고비율(組藁比率)	볏짚비율	종모우(種牡牛)	씨황소
조기재배(早期栽培)	일찍 가꾸기	종묘(種苗)	씨모
조맥강(粗麥糠)	거친 보릿겨	종봉(種蜂)	씨벌
조사(繰絲)	실켜기	종부(種付)	접붙이기
조사료(粗飼料)	거친 먹이	종빈돈(種牝豚)	씨암퇘지
조상(條桑)	가지뽕	종빈우(種牝牛)	씨암소
조상육(條桑育)	가지뽕치기	종상(終霜)	끝서리
조생상(早生桑)	올뽕	종실(種實)	씨알
조생종(早生種)	올씨	종실중(種實重)	씨무게
조소(造巢)	벌집 짓기, 집 짓기	종양(腫瘍)	혹
조숙(早熟)	올 익음	종자(種子)	씨앗, 씨
조숙재배(早熟栽培)	일찍 가꾸기	종자갱신(種子更新)	씨앗갈이
조식(早植)	올 심기	종자교환(種子交換)	씨앗바꾸기
조식재배(早植栽培)	올 심어 가꾸기	종자근(種子根)	씨뿌리
조지방(粗脂肪)	거친 굳기름	종자예조(種子豫措)	종자가리기
조파(早播)	올 뿌림	종자전염(種子傳染)	씨앗 전염
조파(條播)	줄뿌림	종창(腫脹)	부어오름
조회분(粗灰分)	거친 회분	종축(種畜)	씨가축
족(簇)	섶	종토(種兎)	씨토끼
족답탈곡기(足踏脫穀機)	디딜 탈곡기	종피색(種皮色)	씨앗 빛
족착견(簇着繭)	섶자국 고치	좌상육(桑育)	뽕썰어치기

좌아육(芽育)	순썰어치기	지(枝)	가지
좌절도복(挫折倒伏)	꺾어 쓰러짐	지각(枳殼)	탱자
주(株)	포기, 그루	지경(枝梗)	이삭가지
주간(主幹)	원줄기	지고병(枝枯病)	가지마름병
주간(株間)	포기사이, 그루사이	지근(枝根)	갈림 뿌리
주간거리(株間距離)	그루사이, 포기사이	지두(枝豆)	풋콩
주경(主莖)	원줄기	지력(地力)	땅심
주근(主根)	원뿌리	지력증진(地力增進)	땅심 돋우기
주년재배(周年栽培)	사철가꾸기	지면잠(遲眠蠶)	늦잠누에
주당수수(株當穗數)	포기당 이삭수	지발수(遲發穗)	늦이삭
주두(柱頭)	암술머리	지방(脂肪)	굳기름
주아(主芽)	으뜸눈	지분(紙盆)	종이분
주위작(周圍作)	둘레심기	지삽(枝揷)	가지꽂이
주지(主枝)	원가지	지엽(止葉)	끝잎
중간낙수(中間落水)	중간 물떼기	지잠(遲蠶)	처진 누에
중간아(中間芽)	중간눈	지접(枝接)	가지접
중경(中耕)	매기	지제부분(地際部分)	땅 닿은 곳
중경제초(中耕除草)	김매기	지조(枝條)	가지
중과지(中果枝)	중간열매가지	지주(支柱)	받침대
중력분(中力粉)	보통 밀가루, 밀가루	지표수(地表水)	땅윗물
중립종(中粒種)	중씨앗	지하경(地下莖)	땅 속 줄기
중만생종(中晩生種)	엇늦씨	지하수개발(地下水開發)	땅 속 물 찾기
중묘(中苗)	중간 모	지하수위(地下水位)	지하수 높이
중생종(中生種)	가온씨	직근(直根)	곧은 뿌리
중식기(中食期)	중밥 때	직근성(直根性)	곧은 뿌리성
중식토(重植土)	찰질흙	직립경(直立莖)	곧은 줄기
중심공동서(中心空胴薯)	속 빈 감자	직립성낙화생(直立性落花生)	오뚜기땅콩
중추(中雛)	중병아리		
증체량(增體量)	살찐 양	직립식(直立植)	곧추 심기

직립지(直立枝)	곧은 가지	찰과상(擦過傷)	긁힌 상처
직장(織腸)	곧은 창자	창상감염(創傷感染)	상처 옮음
직파(直播)	곧 뿌림	채두(菜豆)	강낭콩
진균(眞菌)	곰팡이	채란(採卵)	알걷이
진압(鎭壓)	눌러주기	채랍(採蠟)	밀따기
질사(窒死)	질식사	채묘(採苗)	모찌기
질소과잉(窒素過剩)	질소 넘침	채밀(採蜜)	꿀따기
질소기아(窒素饑餓)	질소 부족	채엽법(採葉法)	잎따기
질소잠재지력	질소 스민 땅심	채종(採種)	씨받이
(窒素潛在地力)		채종답(採種畓)	씨받이논
징후(徵候)	낌새	채종포(採種圃)	씨받이논, 씨받이밭
		채토장(採土場)	흙캐는 곳
		척박토(瘠薄土)	메마른 흙

ㅊ

차광(遮光)	볕가림	척수(脊髓)	등골
차광재배(遮光栽培)	볕가림 가꾸기	척추(脊椎)	등뼈
차륜(車輪)	차바퀴	천경(淺耕)	얕이갈이
차일(遮日)	해가림	천공병(穿孔病)	구멍병
차전초(車前草)	질경이	천구소병(天拘巢病)	빗자루병
차축(車軸)	굴대	천근성(淺根性)	얕은 뿌리성
착과(着果)	열매 달림, 달린 열매	천립중(千粒重)	천알 무게
착근(着根)	뿌리 내림	천수답(天水畓)	하늘바라기 논, 봉천답
착뢰(着)	망울 달림	천식(淺植)	얕심기
착립(着粒)	알달림	천일건조(天日乾操)	볕말림
착색(着色)	색깔 내기	청경법(淸耕法)	김매 가꾸기
착유(搾乳)	젖짜기	청고병(靑枯病)	풋마름병
착즙(搾汁)	즙내기	청마(靑麻)	어저귀
착탈(着脫)	달고 떼기	청미(靑米)	청치
착화(着花)	꽃달림	청수부(靑首部)	가지와 뿌리의 경계부
착화불량(着花不良)	꽃눈 형성 불량	청예(靑刈)	풋베기

청예대두(青刈大豆)	풋베기 콩	초형(草型)	풀꽃
청예목초(青刈木草)	풋베기 목초	촉각(觸角)	더듬이
청예사료(青刈飼料)	풋베기 사료	촉서(蜀黍)	수수
청예옥촉서(青刈玉蜀黍)	풋베기 옥수수	촉성재배(促成栽培)	철 당겨 가꾸기
청정채소(清淨菜蔬)	맑은 채소	총(蔥)	파
청초(青草)	생풀	총생(叢生)	모듬남
체고(體高)	키	총체벼	사료용 벼
체장(體長)	몸길이	총체보리	사료용 보리
초가(草架)	풀시렁	최고분얼기(最高分蘖期)	최고 새끼치기 때
초결실(初結實)	첫 열림	최면기(催眠期)	잠 들 무렵
초고(枯)	잎집마름	최아(催芽)	싹 틔우기
초목회(草木灰)	재거름	최아재배(催芽栽培)	싹 틔워 가꾸기
초발이(初發茸)	첫물 버섯	최청(催青)	알깨기
초본류(草本類)	풀붙이	최청기(催青器)	누에깰 틀
초산(初産)	첫배 낳기	추경(秋耕)	가을갈이
초산태(硝酸態)	질산태	추계재배(秋季栽培)	가을가꾸기
초상(初霜)	첫 서리	추광성(趨光性)	빛 따름성, 빛 쫓음성
초생법(草生法)	풀두고 가꾸기	추대(抽薹)	꽃대 신장, 꽃대 자람
초생추(初生雛)	갓 깬 병아리	추대두(秋大豆)	가을콩
초세(草勢)	풀자람새, 잎자람새	추백리병(雛白痢病)	병아리흰설사병,
초식가축(草食家畜)	풀먹이 가축		병아리설사병
초안(硝安)	질산암모니아	추비(秋肥)	가을거름
초유(初乳)	첫젖	추비(追肥)	웃거름
초자실재배(硝子室栽培)	유리온실 가꾸기	추수(秋收)	가을걷이
초장(草長)	풀 길이	추식(秋植)	가을심기
초지(草地)	꼴 밭	추엽(秋葉)	가을잎
초지개량(草地改良)	꼴 밭 개량	추작(秋作)	가을가꾸기
초지조성(草地造成)	꼴 밭 가꾸기	추잠(秋蠶)	가을누에
초추잠(初秋蠶)	초가을 누에	추잠종(秋蠶種)	가을누에씨

추접(秋接)	가을접	취목(取木)	휘묻이
추지(秋枝)	가을가지	취소성(就巢性)	품는 버릇
추파(秋播)	덧뿌림	측근(側根)	곁뿌리
추화성(趨化性)	물따름성, 물쫓음성	측아(側芽)	곁눈
축사(畜舍)	가축우리	측지(側枝)	곁가지
축엽병(縮葉病)	잎오갈병	측창(側窓)	곁창
춘경(春耕)	봄갈이	측화아(側花芽)	곁꽃눈
춘계재배(春季栽培)	봄가꾸기	치묘(稚苗)	어린 모
춘국(春菊)	쑥갓	치은(齒)	잇몸
춘벌(春伐)	봄베기	치잠(稚蠶)	애누에
춘식(春植)	봄심기	치잠공동사육	애누에 공동치기
춘엽(春葉)	봄잎	(稚蠶共同飼育)	
춘잠(春蠶)	봄누에	치차(齒車)	톱니바퀴
춘잠종(春蠶種)	봄누에씨	친주(親株)	어미 포기
춘지(春枝)	봄가지	친화성(親和性)	어울림성
춘파(春播)	봄뿌림	침고(寢藁)	깔짚
춘파묘(春播苗)	봄모	침시(沈柿)	우려낸 감
춘파재배(春播栽培)	봄가꾸기	침종(浸種)	씨앗 담그기
출각견(出殼繭)	나방난 고치	침지(浸漬)	물에 담그기
출사(出)	수염나옴		
출수(出穗)	이삭패기	**ㅋ**	
출수기(出穗期)	이삭팰 때		
출아(出芽)	싹나기	칼티베이터(Cultivator)	중경제초기
출웅기(出雄期)	수이삭 때, 수이삭날 때		
출하기(出荷期)	제철	**ㅍ**	
충령(齡)	벌레나이	파쇄(破碎)	으깸
충매전염(蟲媒傳染)	벌레전염	파악기(把握器)	교미틀
충영(蟲廮)	벌레 혹	파조(播條)	뿌림 골
충분(蟲糞)	곤충의 똥	파종(播種)	씨뿌림
		파종상(播種床)	모판

파폭(播幅)	골 너비	포엽(苞葉)	젖먹이, 적먹임
파폭률(播幅率)	골 너비율	포유(胞乳)	홀씨
파행(跛行)	절뚝거림	포자(胞子)	홀씨번식
패각(貝殼)	조가비	포자번식(胞子繁殖)	홀씨더미
패각분말(敗殼粉末)	조가비 가루	포자퇴(胞子堆)	벌레그물
펠레트(Pellet)	덩이먹이	포충망(捕蟲網)	너비
편식(偏食)	가려먹음	폭(幅)	튀김씨
편포(扁浦)	박	폭립종(爆粒種)	무당벌레
평과(果)	사과	표층(瓢)	표층 거름주기, 겉거름
평당주수(坪當株數)	평당 포기수	표층시비(表層施肥)	주기
평부잠종(平附蠶種)	종이받이 누에	표토(表土)	겉흙
평분(平盆)	넓적분	표피(表皮)	겉껍질
평사(平舍)	바닥 우리	표형견(俵形繭)	땅콩형 고치
	바닥 기르기(축산),	풍건(風乾)	바람말림
평사(平飼)	넓게 치기(잠업)	풍선(風選)	날려 고르기
평예법(坪刈法)	평뜨기	플라우(Plow)	쟁기
평휴(平畦)	평이랑	플랜터(Planter)	씨뿌리개, 파종기
폐계(廢鷄)	못쓸 닭	피마(皮麻)	껍질삼
폐사율(廢死率)	죽는 비율	피맥(皮麥)	겉보리
폐상(廢床)	비운 모판	피목(皮目)	껍질눈
폐색(閉塞)	막힘	피발작업(拔作業)	피사리
폐장(肺臟)	허파	피복(被覆)	덮개, 덮기
포낭(包囊)	홀씨 주머니	피복재배(被覆栽培)	덮어 가꾸기
포란(抱卵)	알 품기	피해경(被害莖)	피해 줄기
포말(泡沫)	거품	피해립(被害粒)	상한 낟알
포복(匍匐)	덩굴 뻗음	피해주(被害株)	피해 포기
포복경(匍匐莖)	땅 덩굴줄기		
포복성낙화생(匍匐性落	덩굴땅콩	ㅎ	
花生)	이삭잎	하계파종(夏季播種)	여름 뿌림

하고(夏枯)	더위시듦	행(杏)	살구
하기전정(夏期剪定)	여름 가지치기	향식기(餉食期)	첫밥 때
하대두(夏大豆)	여름 콩	향신료(香辛料)	양념재료
하등(夏橙)	여름 귤	향신작물(香愼作物)	양념작물
하리(下痢)	설사	향일성(向日性)	빛 따름성
하번초(下繁草)	아래퍼짐 풀, 밑퍼짐 풀, 지표면에서 자라는 식물	향지성(向地性)	빛 따름성
		혈명견(穴明繭)	구멍고치
하벌(夏伐)	여름베기	혈변(血便)	피똥
하비(夏肥)	여름거름	혈액응고(血液凝固)	피엉김
하수지(下垂枝)	처진 가지	혈파(穴播)	구멍파종
하순(下脣)	아랫잎술	협(莢)	꼬투리
하아(夏芽)	여름눈	협실비율(莢實比率)	꼬투리알 비율
하엽(夏葉)	여름잎	협장(莢長)	꼬투리 길이
하작(夏作)	여름 가꾸기	협폭파(莢幅播)	좁은 이랑뿌림
하잠(夏蠶)	여름 누에	형잠(形蠶)	무늬누에
하접(夏接)	여름접	호과(胡瓜)	오이
하지(夏枝)	여름 가지	호도(胡挑)	호두
하파(夏播)	여름 파종	호로과(葫蘆科)	박과
한랭사(寒冷紗)	가림망	호마(胡麻)	참깨
한발(旱魃)	가뭄	호마엽고병(胡麻葉枯病)	깨씨무늬병
한선(汗腺)	땀샘	호마유(胡麻油)	참기름
한해(旱害)	가뭄피해	호맥(胡麥)	호밀
할접(割接)	짜개접	호반(虎班)	호랑무늬
함미(鹹味)	짠맛	호숙(湖熟)	풀 익음
합봉(合蜂)	벌통합치기, 통합치기	호엽고병(縞葉枯病)	줄무늬마름병
합접(合接)	맞접	호접(互接)	맞접
해채(菜)	염교	호흡속박(呼吸速迫)	숨가쁨
해충(害蟲)	해로운 벌레	혼식(混植)	섞어심기
해토(解土)	땅풀림	혼용(混用)	섞어쓰기

혼용살포(混用撒布)	섞어뿌림, 섞뿌림	화진(花振)	꽃떨림
혼작(混作)	섞어짓기	화채류(花菜類)	꽃채소
혼종(混種)	섞임씨	화탁(花托)	꽃받기
혼파(混播)	섞어뿌림	화판(花瓣)	꽃잎
혼합맥강(混合麥糠)	섞음보릿겨	화피(花被)	꽃덮이
혼합아(混合芽)	혼합눈	화학비료(化學肥料)	화학거름
화경(花梗)	꽃대	화형(花型)	꽃모양
화경(花莖)	꽃줄기	화훼(花卉)	화초
화관(花冠)	꽃부리	환금작물(環金作物)	돈벌이작물
화농(化膿)	곪음	환모(換毛)	털갈이
화도(花挑)	꽃복숭아	환상박피(環床剝皮)	껍질 돌려 벗기기,
화력건조(火力乾操)	불로 말리기		돌려 벗기기
화뢰(花)	꽃봉오리	환수(換水)	물갈이
화목(花木)	꽃나무	환우(換羽)	털갈이
화묘(花苗)	꽃모	환축(患畜)	병든 가축
화본과목초(禾本科牧草)	볏과목초	활착(活着)	뿌리내림
화본과식물(禾本科植物)	볏과식물	황목(荒木)	제풀나무
화부병(花腐病)	꽃썩음병	황숙(黃熟)	누렇게 익음
화분(花粉)	꽃가루	황조슬충(黃條)	배추벼룩잎벌레
화산성토(火山成土)	화산흙	황촉규(黃蜀葵)	닥풀
화산회토(火山灰土)	화산재	황충(蝗)	메뚜기
화색(花色)	꽃색	회경(回耕)	돌아갈이
화속상결과지	꽃덩이 열매가지	회분(灰粉)	재
(化束狀結果枝)		회전족(回轉簇)	회전섶
화수(花穗)	꽃송이	횡반(橫斑)	가로무늬
화아(花芽)	꽃눈	횡와지(橫臥枝)	누운 가지
화아분화(花芽分化)	꽃눈분화	후구(後軀)	뒷몸
화아형성(花芽形成)	꽃눈형성	후기낙과(後期落果)	자라 떨어짐
화용	번데기 되기	후륜(後輪)	뒷바퀴

후사(後飼)	배게 기르기	흑임자(黑荏子)	검정깨
후산(後産)	태낳기	흑호마(黑胡麻)	검정깨
후산정체(後産停滯)	태반이 나오지 않음	흑호잠(黑縞蠶)	검은띠누에
후숙(後熟)	따서 익히기, 따서 익힘	흡지(吸枝)	뿌리순
후작(後作)	뒷그루	희석(稀釋)	묽힘
후지(後肢)	뒷다리	희잠(姬蠶)	민누에
훈연소독(燻煙消毒)	연기찜 소독		
훈증(燻蒸)	증기찜		
휴간관개(畦間灌漑)	고랑 물대기		
휴립(畦立)	이랑 세우기, 이랑 만들기		
휴립경법(畦立耕法)	이랑짓기		
휴면기(休眠期)	잠잘 때		
휴면아(休眠芽)	잠자는 눈		
휴반(畦畔)	논두렁, 밭두렁		
휴반대두(畦畔大豆)	두렁콩		
휴반소각(畦畔燒却)	두렁 태우기		
휴반식(畦畔式)	두렁식		
휴반재배(畦畔栽培)	두렁재배		
휴폭(畦幅)	이랑 너비		
휴한(休閑)	묵히기		
휴한지(休閑地)	노는 땅, 쉬는 땅		
흉위(胸圍)	가슴둘레		
흑두병(黑痘病)	새눈무늬병		
흑반병(黑斑病)	검은무늬병		
흑산양(黑山羊)	흑염소		
흑삽병(黑澁病)	검은가루병		
흑성병(黑星病)	검은별무늬병		
흑수병(黑穗病)	깜부기병		
흑의(黑蟻)	검은개미누에		

알아두면 좋은 잡초방제기술

1판 1쇄 인쇄 2021년 11월 01일
1판 1쇄 발행 2021년 11월 05일
지은이   국립농업과학원
펴낸이   이범만
발행처   **21세기사**
등록   제406-00015호
주소   경기도 파주시 산남로 72-16 (10882)
전화 031)942-7861 팩스 031)942-7864
홈페이지 www.21cbook.co.kr
e-mail   21cbook@naver.com
ISBN 979-11-6833-002-3

정가 20,000원